Leonardo Daniel Del Sancio

# Módem para telelectura de medidores eléctricos

Leonardo Daniel Del Sancio

# Módem para telelectura de medidores eléctricos

## Diseño, implementación y resultados de un sistema de comunicación eficiente

Editorial Académica Española

**Imprint**

Any brand names and product names mentioned in this book are subject to trademark, brand or patent protection and are trademarks or registered trademarks of their respective holders. The use of brand names, product names, common names, trade names, product descriptions etc. even without a particular marking in this work is in no way to be construed to mean that such names may be regarded as unrestricted in respect of trademark and brand protection legislation and could thus be used by anyone.

Cover image: www.ingimage.com

Publisher:
Editorial Académica Española
is a trademark of
Dodo Books Indian Ocean Ltd. and OmniScriptum S.R.L publishing group

120 High Road, East Finchley, London, N2 9ED, United Kingdom
Str. Armeneasca 28/1, office 1, Chisinau MD-2012, Republic of Moldova, Europe
Managing Directors: Ieva Konstantinova, Victoria Ursu
info@omniscriptum.com

Printed at: see last page
ISBN: 978-620-0-02714-6

# Módem para telelectura de medidores eléctricos

**Autor:**

**Mg. Ing. Del Sancio, Leonardo Daniel**

# Resumen

En el presente libro se describe el diseño e implementación de un módem de comunicación para leer las tablas de consumo registradas por un medidor eléctrico y reportarlas mediante la tecnología 4G a un servidor web.

Este dispositivo fue diseñado para la empresa Noanet y permite ahorrar tiempo y dinero ya que reduce la necesidad de desplegar personal al terreno.

# Agradecimientos

A mi esposa Alina, por el sacrificio enorme que hizo por mi para poder completar esta maestría. A mi colega y amigo Carlos Sueldo por la contención y colaboración en todo momento. A mi directora, por su orientación y apoyo en todo el cursado de la maestría.

# Índice general

# Índice de figuras

# Índice de tablas

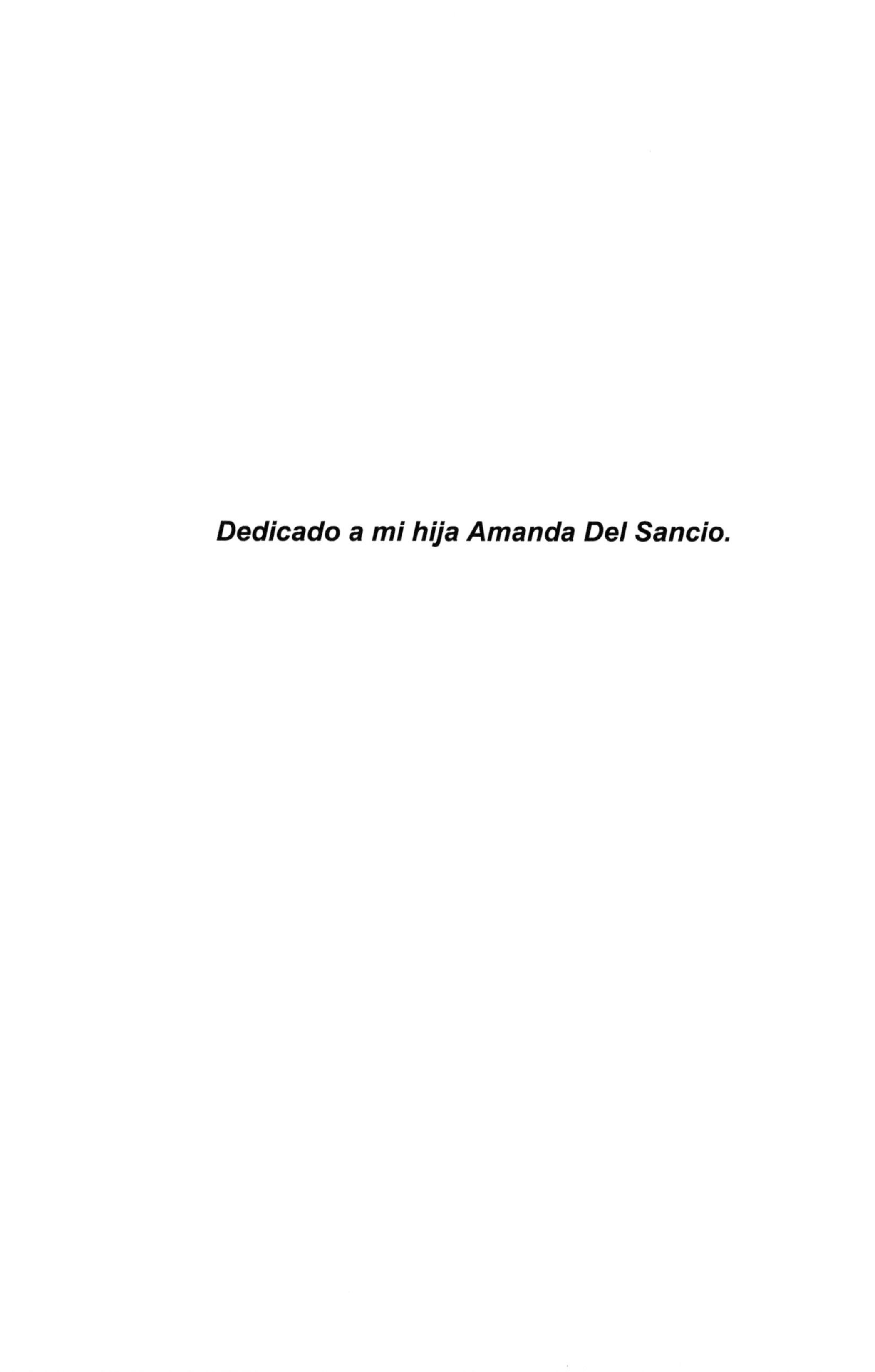

*Dedicado a mi hija Amanda Del Sancio.*

# Capítulo 1

# Introducción general

En este capítulo se realiza un acercamiento general a los desafíos que conlleva la lectura de medidores eléctricos. Se plantean las problemáticas y las posibles soluciones actuales para abordar estos desafíos. Finalizado este análisis se definen los alcances y objetivos del trabajo.

## 1.1.  Lectura de medidores eléctricos

Actualmente las lecturas de medidores en la provincia de Tucumán se realizan de manera presencial, *in-situ*. Esta metodología requiere un gran despliegue de unidades recorriendo muchos kilómetros diariamente. En muchos casos los tableros de mediciones de grandes clientes no tienen acceso público y se debe solicitar un permiso especial para poder ingresar a las instalaciones.

Esta problemática genera demoras en las lecturas y en varias ocasiones el lecturista debe regresar reiteradas veces para poder efectuar la medición. En caso de no lograrla, la empresa debe estimar los valores de consumo con todas las dificultades que esto conlleva.

Todas las compañías distribuidoras de energía a lo largo y ancho de Argentina enfrentan problemas en común que acaecen en malas facturaciones y degradación en la calidad de servicio. Entre estos problemas, son destacables los citados a continuación:

- Fraude en medición por parte de los consumidores: el fraude da lugar a una facturación irreal del servicio prestado por las distribuidoras. Esto se pronuncia cuando es realizado por grandes consumidores y a lo largo del tiempo se vuelve muy difícil de sobrellevar, detectar e impugnar, a fin de lograr una medición justa y equitativa. Sólo en actividades de fraude y conexiones clandestinas se pierden alrededor de 2 mil millones de pesos en Argentina. Así, estas prácticas fraudulentas pueden arremeter contra la calidad de servicio prestado y poner a los usuarios en una situación peligrosa que puede incluso costar vidas.

- Costo y error humano: Los empleados de estas empresas, conocidos como lecturistas, realizan ejercicios rutinarios y de riesgo eléctrico, que pueden estar sujetos a error simplemente por el factor de la naturaleza humana. Uno de ellos es el error de observación en la medición, que se puede corregir con una mejora tecnológica. Otro defecto en el sistema actual son las faltas de mediciones y/o la estimación de las mismas, debido a la mala logística a la hora de trazar rutas (dejando así de consultar los medidores de ciertos sectores o zonas) y/o pasar por alto algún tablero de difícil acceso.

- Escasa cantidad de datos de los consumidores: Debido a la naturaleza de la toma de lectura por parte del personal en las distribuidoras, los datos obtenidos por cada lecturista, en el mejor de los casos, son mensuales dando lugar a una baja tasa de actualización. Esto lleva a la empresa a realizar trabajos como refacturación o inferencias en los consumos de los usuarios. Potenciando dichos problemas se encuentran además el error humano y las prácticas fraudulentas, llevando a grandes pérdidas en el cobro, sobre todo en grandes consumidores.

La generación y distribución de energía eléctrica no es nada simple, haciendo énfasis en lo esencial que se ha vuelto la misma para la sociedad. Se debe trabajar amplia y constantemente en su correcto uso, a fin de asegurar no solo la estabilidad de la complicada estructura de distribución, sino también que se pueda garantizar el servicio a todos los clientes de la red. Cumplir con estos objetivos apuntando siempre hacia la sustentabilidad es clave para el futuro de este servicio. Con esto, es evidente que la estructura de costos y cobro de este servicio es todo un desafío y representa un gran problema para las empresas distribuidoras de energía, quienes se enfrentan con una realidad para nada fácil. El gran abanico de clientes bajo servicio, quienes no siempre tienen las mejores intenciones y las enormes extensiones de cobertura que controlar son grandes contribuyentes a ello.

Destacados entre los clientes de las empresas distribuidoras se encuentran los grandes consumidores como comercios, supermercados e industrias, quienes representan la mayor porción de ingreso y que en otros países representan más del 95 por ciento del total de fraude.

Es por ello que tener un control e historial fino sobre estos clientes particulares representaría muchos beneficios, principalmente en el ámbito económico. Por estas y otras razones es el deber de las distribuidoras generar un recambio tecnológico. No solo con el fin de solventar estas falencias para su beneficio, sino también para dar lugar al uso racional de la energía, comprendiendo que el ahorro energético es la única forma de lograr la sustentabilidad mundial.

Desde el año 2010, la empresa distribuidora de energía eléctrica de la provincia, comenzó con la instalación de medidores digitales con puertos ópticos de comunicación. Para la recolección de datos de estos medidores, se utiliza una sonda óptica con conexión Bluetooth que envía las lecturas instantáneas a un dispositivo móvil para su almacenamiento. Esta técnica, a pesar de requerir la presencia física de un lecturista, ayudó a agilizar los procedimientos de lectura y a reducir considerablemente los errores de las tomas manuscritas.

## 1.2.  Motivación

La principal motivación de este trabajo es contrarrestar la problemática a la hora de leer consumo en medidores eléctricos. Con los argumentos y la experiencia de la empresa Noanet [1], se pensó en la instalación de medidores inteligentes con conexión inalámbrica. Estos dispositivos tienen la particularidad de reportar los consumos a un servidor dedicado de cada fabricante.

Si bien ya existen en Argentina medidores inteligentes que realizan las funciones comentadas anteriormente, estos requieren realizar un cambio de infraestructura por parte de las distribuidoras, con un gran costo inicial. Este debe ser amortizado en muchos años y, a fin de cuentas, realizará un recambio de los medidores antiguos ya instalados que se encuentran en perfecto estado, los cuales están diseñados para tolerar décadas de uso intensivo y continuo. Asimismo, el avance de la tecnología generará inevitablemente nuevas infraestructuras para la transmisión que pueden hacer obsoletos los nuevos medidores inteligentes, produciendo un recambio constante de costosos equipos. Otro de los problemas que se presentan a la hora de adquirir medidores inteligentes, es la dependencia del software de medición que trae cada fabricante. Esta problemática imposibilita la compra en diferentes proveedores y la unificación del servicio en un solo programa de gestión.

Analizada esta situación, la empresa optó por desarrollar un sistema con comunicación inalámbrica que permita comunicarse con los medidores eléctricos. La instalación de estos dispositivos permite ahorrar tiempo y dinero, ya que reduce la necesidad de desplegar personal a terreno y además conduciría a la prolongación de la vida útil de los medidores instalados aplicando una tecnología de renovación.

## 1.3.  Objetivos y alcance

El objetivo del trabajo consiste en desarrollar un módem inalámbrico con tecnología 4G para adquirir lecturas de las tablas de consumo de un medidor de energía eléctrica y monitorear los datos en un servidor web. El módem propuesto será el responsable de comunicar el dispositivo medidor y el backend del software de gestión de datos situado en el servidor web de la empresa Noanet.

El alcance de este trabajo se encontró acotado a:

- Diseño de hardware y software para la implementación de un prototipo de un módem funcional.

- Análisis e implementación de protocolos de comunicación para la lectura de medidores eléctricos.

- Herramienta de configuración inicial para el usuario mediante una aplicación Android utilizando comunicación Bluetooth.

- Estudio y selección de módulos de comunicación 4G.

- Lectura de diferentes marcas de medidores.

- Interpretación de los protocolos de comunicación para medidores eléctricos.

- Comunicaciones estables y seguras.

El presente trabajo se aplica solamente para medidores digitales con puertos ópticos de comunicación y no incluye la adaptación del software de gestión de datos, ni la interpretación de las tablas de lectura enviadas al servidor.

## 1.4.  Estado del arte

Durante la etapa de investigación se encontró una amplia variedad de equipos de telemetría para poder monitorear y controlar en forma remota sensores, transductores o sistemas inteligentes. Estos dispositivos, que son de propósitos generales, disponen de muchas funcionalidades que incrementan su costo y suelen utilizarse en las industrias, fábricas o en lugares en donde se requiera el control en tiempo real de sensores y actuadores.

En la actualidad existen empresas locales que brindan estos servicios, pero requieren aranceles mensuales o anuales y además sus plataformas web son de uso exclusivo y no permiten ninguna modificación ni adaptación extra. En la figura 1.1 se ilustra un módem de la marca *Exemys* [2] modelo GRD-4G. La familia de estos productos permite controlar y supervisar a distancia a cualquier tipo de máquina, sistema de control o proceso, lo que facilita la implementación de sistemas de telemetría remota. Este dispositivo cuenta con conexión celular, Ethernet, LoRa y telemetría con protocolo MQTT. Su rango de alimentación va de 9 a 32 voltios.

En la figura 1.2 se ilustra un módem modelo PLS62T-W del fabricante *Gemalto* [3]. Este sistema permite comunicaciones celulares siempre activas para prácticamente cualquier aplicación IoT. Dispone de conectividad 3G, puertos de comunicación seriales, servicios de internet TCP/UDP y cliente HTTP. Su rango de alimentación va desde 8 a 30 voltios.

---

[1]Imagen tomada de https://www.exemys.com/site/index.shtml

[2]Imagen tomada de http://arteclantec.com/gsm_modem/

FIGURA 1.1. Módem Exemys[1].

FIGURA 1.2. Módem Gemalto[2].

Estos dispositivos de propósitos generales se los encuentran en el mercado local y cuestan alrededor de los U$S 500.

En la tabla 1.1 se presenta una comparación de las características y funcionalidades entre los dispositivos mencionados anteriormente.

TABLA 1.1. Tabla comparativa

| Equipo | Exemys | Gemalto |
| --- | --- | --- |
| Módem | 2G/3G/4G | 2G/3G |
| WiFi | No | No |
| Puerto USB | No | Sí |
| RS232/485 | Sí | Sí |
| Puertos I2C/SPI | No | Sí |
| Puertos I/O | 16 | 40 |
| GPS | No | Opcional |
| Alimentación | 6 - 32 [v] | 8 - 30 [v] |

# Capítulo 2

# Introducción específica

En este capítulo se presenta la descripción de las distintas tecnologías y metodologías utilizadas para la implementación del sistema. Se describen los dispositivos, módulos y arquitecturas más significativos que permitieron alcanzar los requerimientos planteados.

## 2.1. Medidores eléctricos

### 2.1.1. Descripción

Los medidores de energía eléctrica se utilizan para determinar el consumo de un servicio eléctrico y permiten calcular el costo de la energía consumida.

En la figura 4.1 se ilustran algunos de los medidores digitales instalados en la provincia de Tucumán.

(A) Elster A150.

(B) Elster A1052.

(C) Elster A3.

FIGURA 2.1. Medidores digitales con puertos ópticos[1].

---

[1]Imágenes tomadas de https://www.sierraelectricidad.com.ar/search/?q=medidores

## 2.1.2. Normas y protocolos

En la actualidad existen especificaciones internacionales orientadas a estandarizar los protocolos de comunicación de los medidores eléctricos, incluyendo la capa de aplicación utilizada para transportarlos los datos por canales de comunicación. Entre estas se destacan el ANSI C12.19 [4] y ANSI C12.22 [5], del Instituto Nacional Estadounidense de Estándares (ANSI), así como la suite DLMS/COSEM [6] elaborada por la International Electrotechnical Commission (IEC).

El protocolo IEC 62056-21 [7] es un conjunto de estándares internacionales establecidos por la IEC, que recopila las normas de diseño, comunicación y desarrollo para el intercambio de datos de medición de electricidad. El estándar IEC 62056-21 es una de las especificaciones más utilizadas para el intercambio de datos AMI (Advanced Metering Infrastructure) en Europa y el mundo. Se trata de una serie de documentos que definen varios métodos de lectura de contadores, notificación de tarifas y control de cargas. Se basa en el protocolo DLMS (Device Language Message Specification) y el modelo COSEM (Companion Specification for the Energy Metering). El protocolo DLMS estandariza la forma de comunicación, los objetos de datos y los códigos de objeto, proporciona información sobre las capas de transporte y aplicación. Este protocolo no se limita solo a la medición de electricidad, sino que también es utilizado para la medición de agua, gas y calefacción, entre otras aplicaciones no tan observadas en Argentina pero que si se utilizan ampliamente alrededor del mundo.

En la figura 2.2 se ilustra un medidor de la marca ISKRA [8] con un puerto óptico que responde al protocolo IEC 62056-21.

FIGURA 2.2. Medidor con puerto óptico IEC[2].

El protocolo ANSI C12.18 [9] es un estándar que define las capas física, enlace de datos y aplicación para el intercambio de información con medidores de energía mediante puerto óptico. Provee varios servicios que permiten el transporte total o parcial de las tablas de información, definidas en el estándar ANSI C12.19, soportado sobre un esquema de permisos de

---

[2]Imagen tomada de https://www.secoin.com.uy/productos/medidores-de-energia-residenciales

acceso. En la actualidad ANSI C12.18 se encuentra ampliamente difundi-
do en los medidores de energía eléctrica, con aplicación exclusiva sobre
puertos locales.

En la figura 2.3 se observa un medidor de la marca Elster [10] modelo
Alpha II.

FIGURA 2.3. Medidor con puerto óptico ANSI[3].

Otro de los estándares utilizados para la lectura de medidores eléctricos
es el MODBUS [11]. Este estándar define un protocolo de mensajes de
capa de aplicación, para proveer comunicación cliente/servidor entre dispositivos conectados sobre enlaces seriales asíncronos RS232 y RS485
o redes TCP/IP sobre Ethernet. De forma similar al IEC 62056-21, su capa de aplicación está definida por una serie de direcciones de memoria o
registros, cuya organización es especificada y mantenida por el fabricante
del dispositivo. En la figura 2.4 se observa un medidor de la marca Elster
modelo Alpha III con puerto de comunicación MODBUS.

FIGURA 2.4. Medidor con puerto Modbus.

---

[3]Imagen tomada de https://jdelectricos.com.co/medidor-electronico/

### 2.1.3. Puertos de comunicación

En la actualidad las estrategias de reducción de pérdidas económicas por fraude han impulsado la implementación de sistemas de medición centralizada. La misma consiste en resguardar los equipos de medición en una caja diseñada para su instalación en postes con el fin de restringir el acceso a los usuarios. Esta técnica en muchos casos entorpece la visual para la lectura del medidor, motivo por el cual se implementaron diferentes medios de comunicación. Entre los cuales el más utilizado es el de la luz modulada mediante un puerto óptico.

El protocolo IrDA [12] (Infrared Data Association) define un estándar físico en la forma de transmisión y recepción de datos por rayos infrarrojos. Esta tecnología está basada en rayos luminosos que se mueven en el espectro infrarrojo. Los estándares IrDA soportan una amplia gama de dispositivos eléctricos, informáticos y de comunicaciones; permiten la comunicación bidireccional entre dos extremos a velocidades que oscilan entre los 9600 bit/s y los 4 Mbit/s.

Las características básicas del protocolo IrDA son:

- Adaptación compatible con futuros estándares.
- Cono de ángulo estrecho de 30°.
- Longitud de onda: 850–900 nm.
- Operación en una distancia de decenas de metros.
- Conexión universal sin cables.
- Soporta un amplio conjunto de plataformas de hardware y software.

En la figura 2.5 se observa el puerto de comunicación IrDA de un medidor Elster modelo A150.

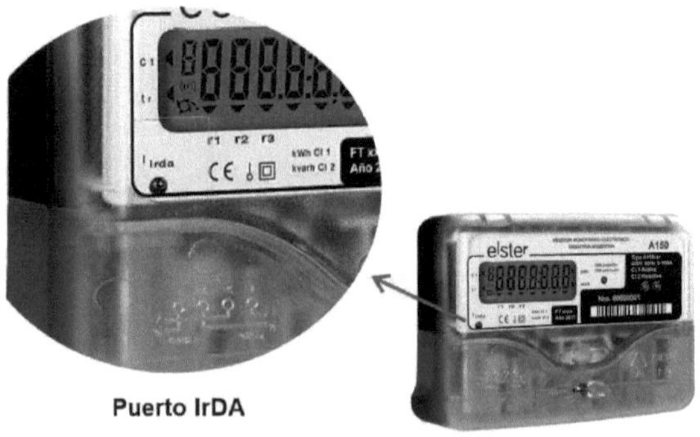



FIGURA 2.5. Medidor con puerto IrDA[4].

IrDa define una organización en capas y protocolos que se ilustran en la figura 2.6. Se destacan en color azul las capas obligatorias y en verde las que son opcionales.

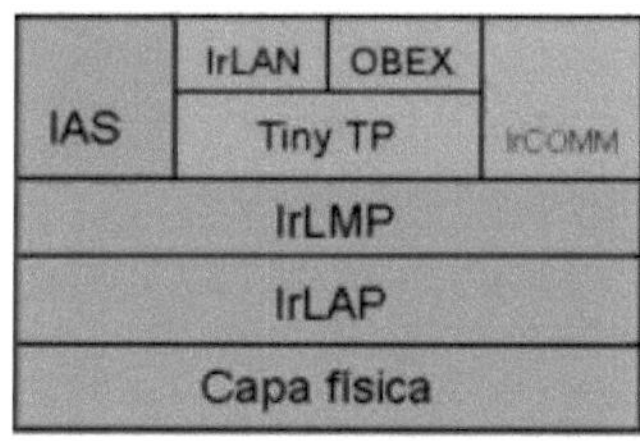


FIGURA 2.6. Capas del protocolo IrDA[5].

Las funciones de los protocolos obligatorios son:

- Capa física: establece la distancia máxima, la velocidad de transmisión y el modo en el que se transmite la información.

- IrLAP: (Link Access Protocol) facilita la conexión y la comunicación entre dispositivos.

- IRLMP: (Link Management Protocol) permite la multiplexación de la capa IrLAP.

- IAS: (Information Access Service) actúa como un directorio para un dispositivo.

- Tiny TP mejora la conexión y la transmisión de datos respecto a Ir-LAP.

Sus especificaciones más importantes son:

- Control de acceso.

- Establecimiento de una conexión bidireccional confiable.

- Negociación de los roles primario/secundario de los dispositivos.

Cabe destacar que la comunicación IrDa funciona en modo half-duplex debido a que su receptor es cegado por la luz de su transmisor, motivo por el cual la comunicación full-duplex no es factible en este protocolo.

Para medidores eléctricos de grandes clientes en donde se almacenan muchos datos de facturación y perfiles de carga, existen puertos de comunicaciones ópticos en donde la sonda lectora queda sujeta al medidor para evitar movimientos que puedan ocasionar cortes de comunicación. En estos tipos de medidores los tiempos de lectura son mucho mayores que en los medidores residenciales y pueden llegar a durar hasta los 10 minutos.

---

[4]Imagen tomada de https://www.editores-srl.com.ar/empresa/honeywell

[5]Imagen tomada de https://www.wikiwand.com/es/Infrared_Data_Association

En la figura 2.7a se ilustra un medidor de grandes clientes en donde se observa una chapa metálica que rodea el puerto óptico infrarrojo. Este sistema está diseñado para sujetar la sonda lectora que posee un imán en su interior. En la figura 2.7b se ilustra una sonda óptica infrarroja y se indica el sector en donde está alojado internamente el imán.

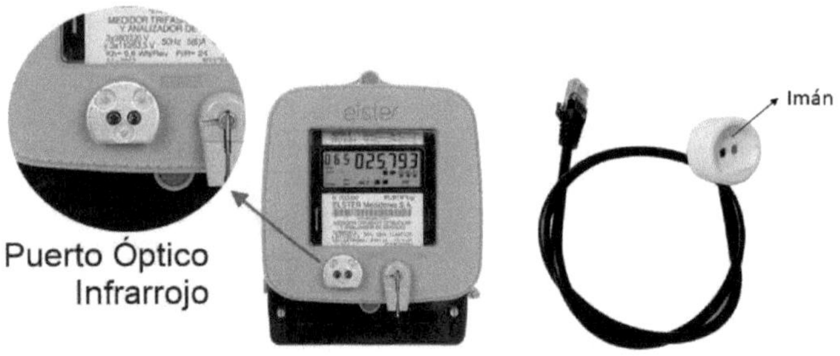


(A) Medidor con puerto óptico.　　　　(B) Sonda óptica con imán.

FIGURA 2.7. Medidor con puerto óptico y sonda infrarroja.

Para medidores de grandes consumos el formato del puerto óptico está normalizado por el protocolo de cada medidor eléctrico. En la figura 2.8 se observan los formatos del puerto óptico para un medidor con protocolo ANSI y un medidor con protocolo IEC.

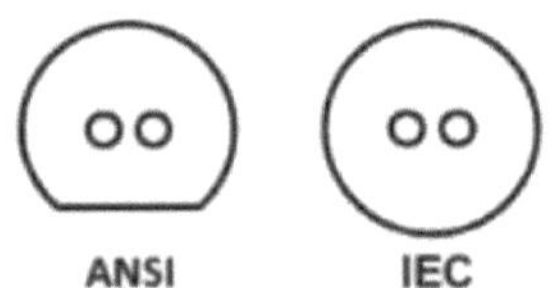


FIGURA 2.8. Formato del puerto óptico[6].

## 2.2. Esquema general del sistema

En la figura 2.9 se ilustra el diagrama en bloques general del sistema. Se observa que el elemento principal es el módem de comunicación encargado de interactuar con el medidor eléctrico y reportar los datos a un servidor privado de la empresa Noanet.

El software de gestión de datos llamado telecenter, es el encargado de iniciar la comunicación con el módem para proceder a la lectura del medidor eléctrico. Para la comunicación entre el módem y el servidor web

---

<sup></sup>[6]Imagen tomada de http://optimizar.com.ar/

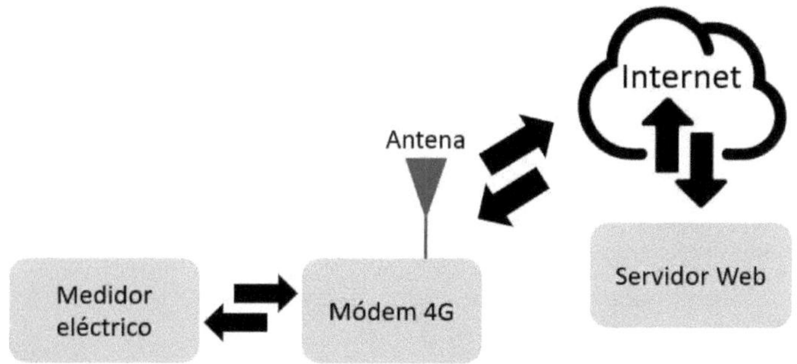

FIGURA 2.9. Diagrama simplificado del sistema.

se utiliza el protocolo ANSI 12.21, que es el estándar nacional estadounidense para transportar datos de tablas a través de redes, con el propósito de interoperabilidad entre módulos de comunicaciones y medidores. Este estándar utiliza el cifrado AES [13] (estándar de cifrado avanzado) para permitir comunicaciones sólidas y seguras, incluidas la confidencialidad y la integridad de los datos.

En la figura 2.10 se ilustra la estructura de un paquete de datos siguiendo el estándar ANSI 12.21.

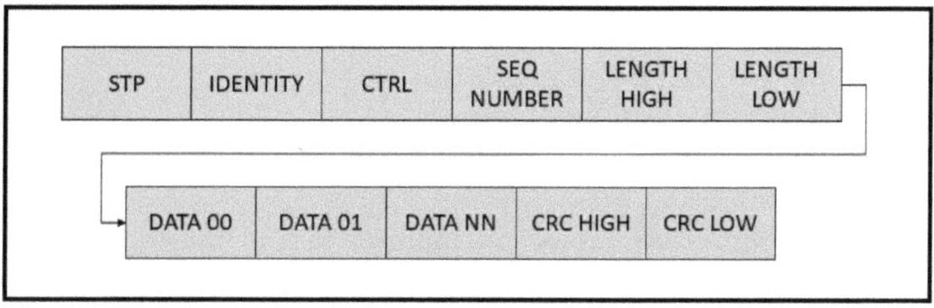


FIGURA 2.10. Estructura del paquete de datos con protocolo ANSI 12.21.

A continuación se detalla cada byte de la estructura.

- STP: caracter de inicio de paquete.

- IDENTITY: identificador de Dispositivo (el valor 0x00 significa identificador universal).

- CTRL: campo de Control.

  Bit 7: si es verdadero entonces el paquete es parte de una transmisión de múltiples paquetes.

  Bit 6: si es verdadero entonces es el primer paquete de una transmisión de múltiples paquetes.

Bit 5: representa el bit conmutador (toggle) para rechazar paquetes duplicados.

Bit 4-2: reservados.

Bit 0-1: formato de Datos C12.21 o C12.18.

- SEQ NUMBER: número de secuencia del paquete en una transmisión de múltiples paquetes. Este número va decreciendo en uno por cada nuevo paquete enviado, por lo tanto:

    primer paquete: el valor de secuencia será igual al número total de paquetes menos uno.

    último paquete: el valor de secuencia será igual a cero.

- LENGTH: número de bytes de datos en el paquete.

- DATA: número de bytes de datos del paquete actual. Este valor está limitado al tamaño total del paquete.

- CRC: bytes de control de redundancia cíclica.

Una vez definido el protocolo para transportar los paquetes de datos por la red celular, se detallan a continuación los pasos a seguir para ejecutar la lectura de un medidor eléctrico.

En la figura 2.11 se describen los tres pasos a realizar para acceder a las tablas de consumo de un medidor eléctrico y enviarlas al servidor web.

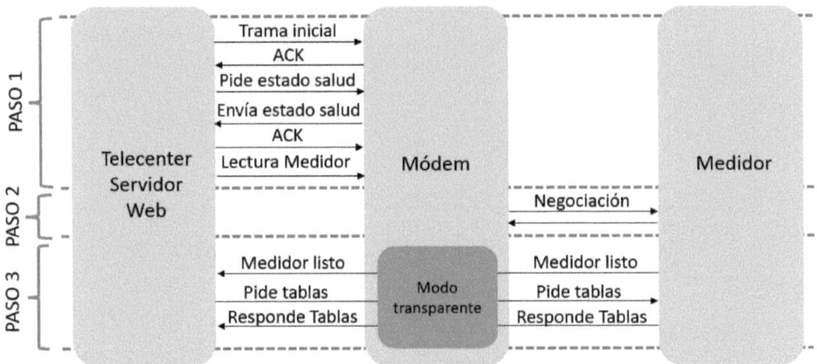


FIGURA 2.11. Diagrama de comunicación.

En el primer paso se realiza un intercambio de datos entre el módem de comunicación y el software de gestión de datos telecenter empleando una conexión TCP/IP [12]. En esta instancia el módem inicia una conexión a la red como servidor TCP y el software telecenter se conecta como cliente a una dirección IP y a un puerto propio de cada módem. A continuación se detallan las etapas para los diferentes estados de comunicación que corresponden al primer paso:

- Envío de trama inicial: es enviada por el software telecenter en donde se indican parámetros del medidor como el password, timeout, marca y modelo del dispositivo.

- Envío de *Acknowledgement* o ACK: el módem devuelve un byte indicando que recibió correctamente la petición para analizarla.

- Pedido de estado de salud: telecenter solicita la trama con varios parámetros del módem.

- Envío de estado de salud: el medidor le responde al servidor con los siguientes parámetros de salud:

    Dirección IP y puerto.

    Tiempo de respuesta con el servidor.

    Intensidad de señal de red celular.

    Prestadora de servicio de telefonía.

    Tasa de error de transferencia calculada.

    Temperatura interna del módem.

- Pedido de lectura de medidor: el servidor envía una trama indicando el inicio de lectura del medidor y queda a la espera de que se ejecute el siguiente paso con éxito.

En el segundo paso se realiza el *handshake* o negociación entre el módem y el medidor eléctrico. En esta instancia el software telecenter queda a la espera de la trama de confirmación en donde se indica que el handshake finalizó con éxito. Recibida esta trama, telecenter procede con la lectura del medidor.

El handshake es un proceso que depende exclusivamente del tipo de medidor y de su protocolo. En la provincia actualmente se encuentran instalados medidores con protocolos IEC 62056 y ANSIC 12.18 detallados en la sección anterior. A continuación se describen los pasos a realizar para ejecutar el handshake en ambos protocolos.

En la figura 2.12 se describe el proceso de handshake de un medidor Alpha II con protocolo ANSI del fabricante Elster.

En primer lugar se detallan los pasos para realizar el handshake con un medidor con protocolo ANSI.

- El medidor envía constantemente una trama llamada *"are you okay"* a 1200 baudios.

- Cuando el módem recibe la trama, responde un *Acknowledgement* o ACK indicando la recepción correcta de la misma.

- El medidor propone un cambio de velocidad a 9600 baudios.

- El módem puede aceptar el cambio de velocidad o continuar a 1200 baudios.

- En el siguiente paso el módem toma el control del medidor introduciendo el password brindado por el fabricante.

- En el último paso el módem procede a cambiar el timeout del medidor por un valor elevado para evitar cortes de comunicación, este paso es fundamental ya que los tiempos de timeout que vienen predeterminados de fábrica son muy cortos.

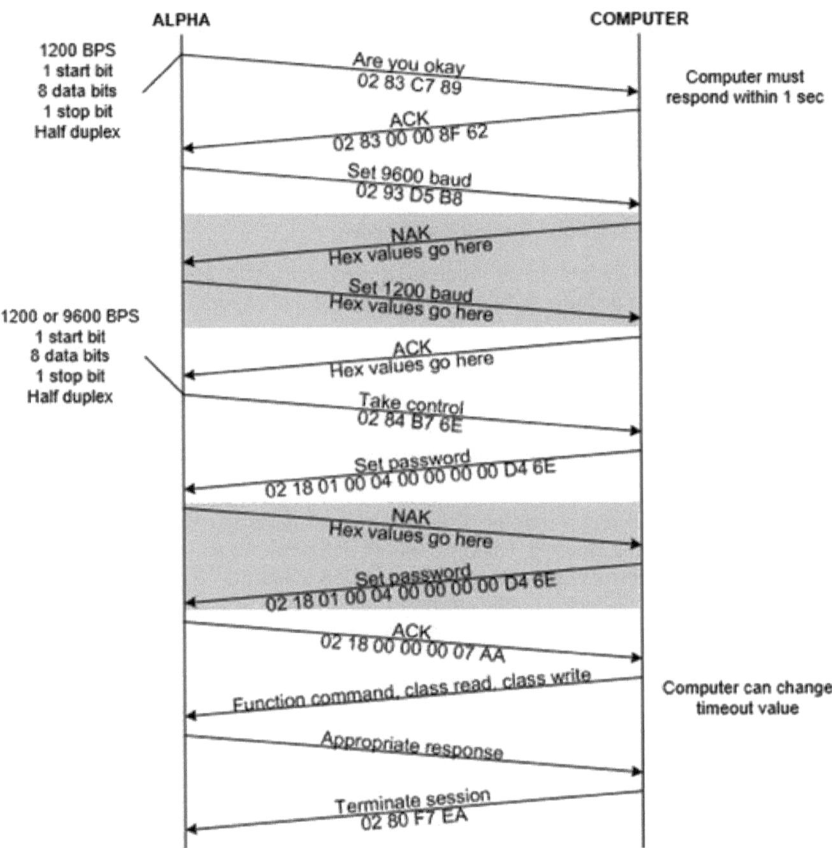


FIGURA 2.12. handshake entre el medidor y el módem.

Finalizado el proceso de handshake el módem envía una trama al servidor indicando que pasa a modo transparente. De esta manera se abre un puente directo entre el medidor y el software de gestión de datos.

En los medidores con protocolo IEC 62056 a lo largo de los años se han incorporado diversos modos de comunicación, que se explicarán a continuación.

Un medidor compatible con IEC 62056 puede implementar hasta cinco modos de comunicación, conocidos como modos A, B, C, D y E. Los modos A, B a C utilizan comunicaciones bidireccionales seteando al módem como maestro y el medidor como esclavo. En el modo de protocolo D, la transmisión es unidireccional y la comunicación de datos se inicia mediante un disparador, es decir, al presionar un botón físico en el medidor. El Modo E está diseñado para implementar una arquitectura seteando al módem como cliente y al medidor como servidor y permite la transferencia de datos binarios con el control de enlace de datos de alto nivel. Para este modo se requieren permisos especiales.

Cabe destacar que un medidor para ser considerado bajo norma IEC, debe ser capaz de implementar solo un modo de los cinco mencionados. Seguidamente se detalla el modo C que es el más utilizado y completo para la lectura de medidores con este protocolo.

En la figura 2.13 se ilustra la secuencia para realizar el handshake con un medidor con protocolo IEC. El módem de comunicación está designado con las siglas HHU en la imagen citada.

A continuación se describen los pasos para realizar el handshake con un medidor con protocolo IEC. Este protocolo permite cambio de velocidad de lectura, y al igual que en el protocolo ANSI, los primeros pasos se realizan a una velocidad especificada por el fabricante:

- El módem de comunicación es el encargado de enviar la primera trama solicitando la identificación del medidor a una velocidad de 300 baudios.

- El medidor responde la petición indicando su fabricante y modelo.

- Para el siguiente paso, el módem puede optar por elevar la velocidad de transmisión a 600, 1200 o 2400 baudios y por otro lado, puede elegir tres modos de seteo:

  Modo lectura de datos: en este modo el módem puede acceder a las tablas de consumo del medidor.

  Modo programación: el módem puede acceder a parámetros de configuración, modificar valores internos y variables de facturación. Para este proceso se necesitan permisos especiales.

  Especificaciones del fabricante: en este modo el medidor devuelve la versión de firmware y parámetros actuales de configuración.

Finalizado el handshake el medidor queda configurado y listo para interactuar con el servidor. El módem, al igual que para el protocolo ANSI, envía una trama al servidor indicando que finalizó el handshake.

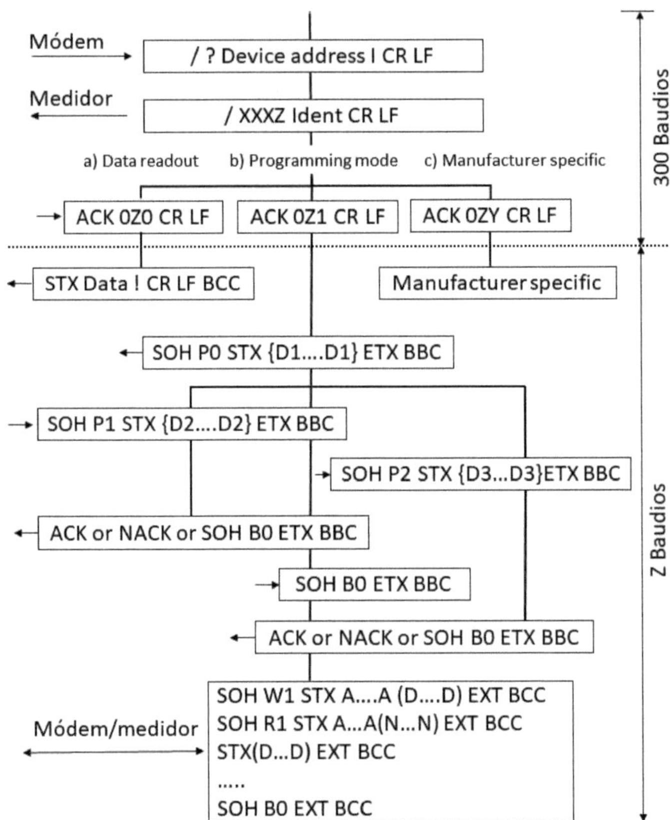


FIGURA 2.13. Negociación protocolo IEC.

En el tercer paso el módem pasa a modo transparente, en esta funcionalidad retransmite todos los paquetes de datos dejando una comunicación directa entre el software telecenter y el medidor eléctrico. En este último paso el software de gestión de datos accede a todas las tablas de consumo del medidor. Este proceso puede demorar hasta 10 minutos dependiendo de la cantidad de datos solicitados.

## 2.3. Tecnologías de comunicación empleadas

### 2.3.1. Protocolo UART

UART significa transmisor-receptor asíncrono universal y define un protocolo o un conjunto de reglas para intercambiar datos en serie entre dos dispositivos. El protocolo UART es muy simple y solo utiliza dos cables entre el transmisor y receptor para transmitir y recibir en ambas direcciones. Ambos terminales tienen una conexión a tierra en común. La comunicación en el UART puede ser simplex (los datos se envían en una sola dirección), semidúplex (cada lado transmite pero solo uno a la vez), o dúplex completo (ambos lados pueden transmitir en simultaneo). Los datos en el UART se transmiten en la forma de tramas, el formato y el contenido de estas tramas se describen y explican a continuación.

Una de las grandes ventajas del UART es que es asíncrono, esto quiere decir que el transmisor y el receptor no comparten una señal de reloj común. Aunque esto simplifica enormemente el protocolo, pone ciertos requisitos al transmisor y al receptor. Dado que no comparten un reloj, ambos terminales deben transmitir a la misma velocidad preestablecida para que tengan la misma sincronización de bits. Las velocidades de baudios del UART más comunes que se utilizan en estos días son 4800, 9600, 19.2 K, 57.6 K y 115.2 K. Además de tener la misma velocidad en baudios, ambos lados de una conexión UART deben utilizar los mismos parámetros y estructura de trama. En la figura 2.14 se describe el formato de una trama UART.

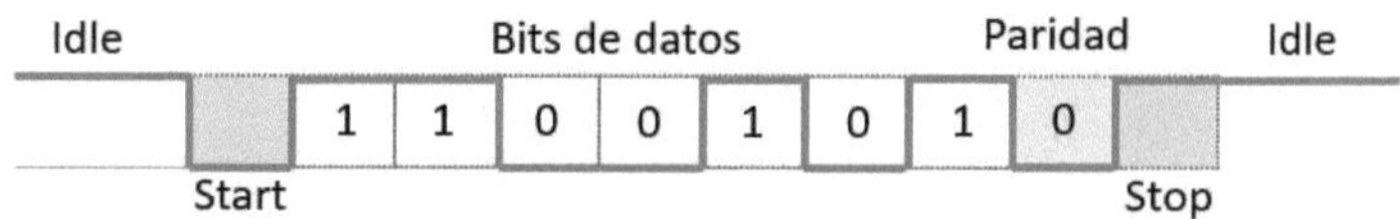


FIGURA 2.14. Formato de trama UART.

Como la mayoría de los sistemas digitales, un nivel de voltaje alto se utiliza para indicar un uno lógico y un nivel de voltaje bajo se usa para indicar un cero lógico. En el estado *iddle* o estado de reposo la línea se mantiene en alto, o sea que en este estado no se transmiten datos. Con esta técnica resulta fácil detectar alguna falla en la línea de transmisión. Ya que el protocolo UART es asíncrono, el transmisor necesita indicar que los bits de datos están llegando, esto se logra utilizando el bit de inicio. Este bit indica una transición del estado alto de reposo a un estado bajo y seguido inmediatamente por bits de datos de usuario.

Después de que se terminan los bits de datos, el bit de parada indica el fin de datos de usuario. Este bit indica una transición de regreso al estado alto o de reposo y permanece en el estado alto por un tiempo de bit adicional. Se puede configurar un segundo bit de parada (opcional), con el objetivo de darle tiempo al receptor de prepararse para la siguiente trama, pero esto no es común en la práctica.

Los bits de datos son los datos de usuario o bits útiles y vienen inmediatamente después del bit de inicio. Puede haber de 5 a 9 bits de datos de usuario, aunque de 7 o 8 bits es lo más común. Estos bits de datos normalmente se transmiten primero con el bit menos importante.

Una trama UART puede también contener un bit de paridad opcional que puede usarse para la detección de errores. Este bit se inserta entre el final de los bits de datos y el bit de parada. El valor del bit de paridad depende del tipo de paridad que está siendo usado (par o impar):

- En la paridad par, este bit se configura para que el total de números unos en la trama sea par.

- En la paridad impar, este bit se configura para que el total de números unos en la trama sea impar.

Para los medidores con protocolo IEC se utilizan 7 bits de datos con paridad par, en cambio para el protocolo ANSI se utilizan 8 bits de datos con paridad par.

En el desarrollo de este trabajo el protocolo UART forma un papel muy importante. Uno de los requerimientos planteados en la planificación inicial fue el de disponer de 3 puertos de comunicación UART que se utilizan para realizar las siguientes tareas:

- Configurar el módulo de comunicación por comandos, transmitir y recibir los datos del servidor.

- Comunicarse con medidores con puerto serial RS232/485.

- Comunicarse con medidores con puerto óptico.

### 2.3.2. Protocolo TCP/IP

TCP/IP es un grupo de protocolos de red que hacen posible la transferencia de datos en redes entre equipos informáticos e internet. Las siglas TCP/IP hacen referencia a este grupo de protocolos:

- TCP es el protocolo de control de transmisión que permite establecer una conexión y el intercambio de datos entre dos anfitriones. Este protocolo proporciona un transporte fiable de datos.

- IP o protocolo de internet, utiliza direcciones compuestas por series de cuatro octetos con formato de punto decimal (como por ejemplo 75.4.160.25). Este protocolo lleva los datos a otras máquinas de la red.

El modelo TCP/IP permite un intercambio de datos fiable dentro de una red, definiendo los pasos a seguir desde que se envían los datos en paquetes hasta que son recibidos. Para lograrlo utiliza un sistema de capas con jerarquías, esto quiere decir que se construye una capa a continuación de la anterior. Cada capa se comunica únicamente con su capa superior, a la que envía resultados y con su capa inferior, a la que solicita servicios.

En la figura 2.15 se ilustran los cuatro niveles o capas que hay que tener en cuenta en un modelo TCP/IP.

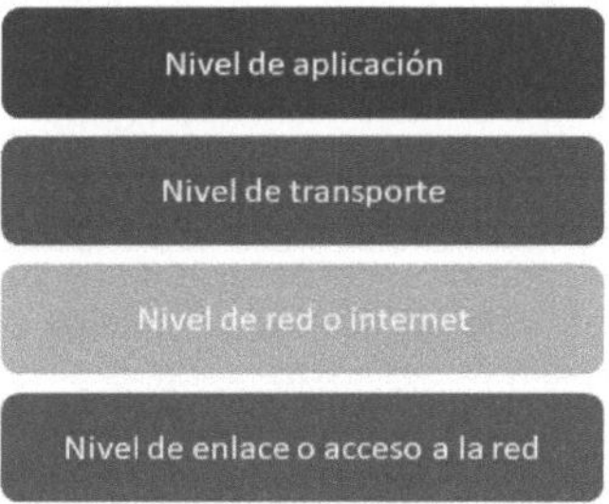


FIGURA 2.15. Capas de aplicación del modelo TCP/IP.

A continuación se detallan las funcionalidades y la utilización de las capas del protocolo TPC/IP:

- Capa de nivel de enlace o acceso a la red: es la primera capa del modelo y ofrece la posibilidad de acceso físico a la red (que bien puede ser en anillo, ethernet, etc.), especificando el modo en que los datos deben enrutarse independientemente del tipo de red utilizado.

- Capa de nivel de red o internet: proporciona el paquete de datos o datagramas y administra las direcciones IP. (Los datagramas son paquetes de datos que constituyen el mínimo de información en una red). Esta capa es considerada la más importante y engloba diferentes tipos de protocolos.

- Capa de nivel de transporte: permiten conocer el estado de la transmisión así como los datos de enrutamiento y utilizan los puertos para asociar un tipo de aplicación con un tipo de dato.

- Capa de nivel de aplicación: es la parte superior del protocolo TCP/IP y suministra las aplicaciones de red tip Telnet, FTP o SMTP, que se comunican con las capas anteriores (con protocolos TCP o UDP).

Las capas del modelo TCP/IP coinciden con algunas capas del modelo teórico OSI [14], aunque tienen tareas mucha más diversas. Para el desarrollo de este trabajo fue muy importante utilizar este protocolo para la comunicación entre el módem y el servidor web, ya que permite que los datos enviados lleguen a su destino sin errores y bajo la misma forma en la que fueron enviados.

### 2.3.3. Tecnología celular 4G

En telecomunicaciones, 4G son las siglas utilizadas para referirse a la cuarta generación de tecnologías de telefonía móvil. Es la sucesora de las tecnologías 2G y 3G.

La 4G está basada completamente en el protocolo IP, siendo un sistema de sistemas y una red de redes, que se alcanza gracias a la convergencia entre las redes cableadas e inalámbricas. Esta tecnología puede ser usada por módems inalámbricos, móviles inteligentes y otros dispositivos móviles. La principal diferencia con las generaciones predecesoras es la capacidad para proveer velocidades de acceso mayores de 100 Mbit/s en movimiento y 1 Gbit/s en reposo, manteniendo una calidad de servicio de punta a punta de alta seguridad que ofrece servicios de cualquier clase en cualquier momento con el mínimo costo posible.

TABLA 2.1. Tabla comparativa de tecnologías celular.

| Tecnología | 2G | 3G | 4G |
|---|---|---|---|
| Velocidad | 14 a 64 Kbps | 384 Kbps a 2 Mbps | 100 Mbps a 3 Gbps |
| Frecuencia | 850 a 1900 MHz | 800 MHz a 1 GHz | 700 MHz a 2.5 GHz |

Para el desarrollo del módem de comunicación se tuvo en cuenta esta tecnología debido a la cantidad de datos que almacena un medidor de grandes clientes. Como referencia el perfil de carga mensual de un medidor por lo general almacena alrededor de 24 mil muestras al mes. Aunque no siempre se realizan lecturas completas, es importante tener estabilidad y velocidad a la hora de transmitir las tablas de consumo.

## 2.4.  Homologación

La homologación de un equipo electrónico permite al titular del mismo poder comercializarlo en el país. La misma se emite formalmente a través de una disposición, luego de verificarse que el aparato funciona conforme a las normas técnicas que se le apliquen.

Enacom [15] es el organismo encargado de la normalización del equipamiento de comunicaciones de la República Argentina. Esta normalización se realiza mediante el dictado de normas técnicas basadas en:

- Seguridad del usuario.

- Uso eficiente del espectro radioeléctrico.

- Aseguramiento de la compatibilidad con las redes y sistemas de comunicaciones autorizados.

Una de las funciones principales de Enacom es la de homologar tanto equipos que hagan uso del espectro radioeléctrico (incluyendo los de radiodifusión), como así también los de uso específico en comunicaciones que se conecten a las redes públicas. Para ello, cumple con las siguientes actividades vinculadas, no sólo al registro de equipos, sino también al de las empresas que los fabrican y/o los comercializan en el país.

Para homologar equipos electrónicos con comunicación inalámbrica se deben realizar ensayos en laboratorios acreditados por Enacom que son los responsables de la emisión de los informes de ensayos correspondientes. Los documentos forman parte de la solicitud formal de homologación de un modelo y muestran los resultados obtenidos durante las mediciones realizadas en base a una norma técnica de la Enacom.

Por otro lado, para finalizar el proceso de homologación, se debe estar inscripto en Ramatel [16], la sigla que identifica al Registro de Actividades y Materiales de Telecomunicaciones del Enacom. Este Registro agrupa dos subregistros:

- Subregistro de actividades: donde deben registrarse todas las empresas que fabrican, comercializan o representan localmente a fabricantes extranjeros de equipos de telecomunicaciones en la República Argentina.

- Subregistro de Materiales: en él se encuentran asentados los datos correspondientes a los equipos homologados, codificados o autorizados por la ENACOM.

La inscripción en el registro de actividades Ramatel de empresas fabricantes y/o comercializadoras de equipos que tengan comunicación inalámbrica como Bluetooth, WiFi, red celular, LORA, etc. es obligatoria en todo el país.

Para homologar el módem de comunicación en la Enacom, se aplican los ensayos correspondientes para las comunicaciones Bluetooth y WiFi. En cambio para las conexiones celulares, en nuestro país solo se debe presentar el certificado de aprobación por la FCC [17] del módulo de comunicación utilizado en el desarrollo. La FCC es la Comisión Federal de Comunicaciones de los estados unidos que establece las reglas y normas técnicas relativas a los distintos tipos de equipos electrónicos, incluyendo los dispositivos de radiofrecuencia, equipos terminales de telecomunicaciones y equipos industriales, científica y médica. En la figura 2.16 se ilustra el módulo de comunicación utilizado en el desarrollo del módem con su código de la certificación por la FCC correspondiente.

Certificación

FIGURA 2.16. Certificación FCC del módulo de comunicación.

El módem de comunicación actualmente está en la etapa final del proceso de homologación por la Enacom.

# Capítulo 3

# Diseño e implementación

En este capítulo se hace una descripción detallada del diseño e implementación del firmware y hardware para el módem de comunicación. Adicionalmente, se muestra el desarrollo de cada uno de los elementos que componen el sistema.

## 3.1. Desarrollo del sistema

El módem de comunicación está compuesto por dos grandes módulos: módulo de aplicación, y el módulo de procesamiento. En la figura 3.1 se observan las diferentes partes del sistema que se describen a continuación.

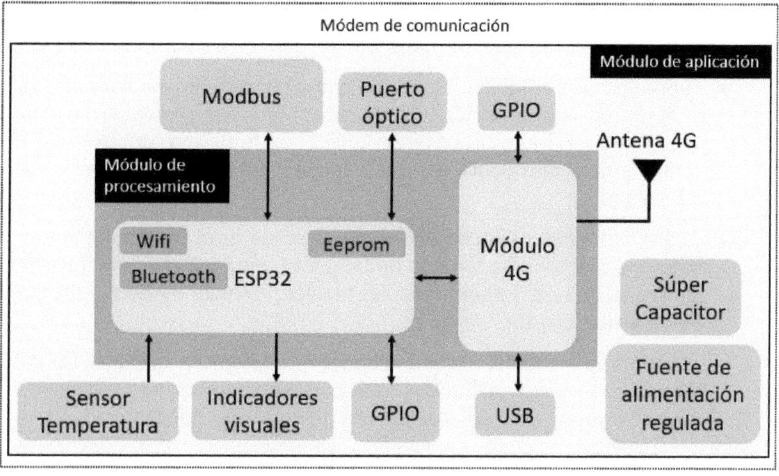


FIGURA 3.1. Diagrama en bloques del sistema.

El módulo de procesamiento está formado por los siguientes elementos:

- ESP32: es el procesador principal encargado de controlar todas las tareas del módem de comunicación. Posee un doble núcleo Xtensa de 32bits que puede operar con una frecuencia de hasta 240 MHz, dispone de 520 kB de memoria RAM interna y se integra en el módulo 4 MB de memoria flash.

En este dispositivo se ejecuta el firmware que monitorea las entradas y salidas, controla la interfaz de usuario mediante una conexión Bluetooth, ejecuta interrupciones y se encarga de controlar los puertos de comunicación.

El procesador ESP32 tiene una zona de memoria Flash con la que se puede interactuar y configurar como una memoria Eeprom para mantener los datos en la memoria incluso después de apagar el módem. Una cosa importante a tener en cuenta es que la memoria Eeprom tiene un tamaño y una vida útil limitados. Las celdas de memoria pueden leerse tantas veces como sea necesario, pero el número de ciclos de escritura está limitado a 100.000.

- Módulo 4G: el módulo de telecomunicaciones del fabricante SIM-COM modelo SIM7600, es el encargado de establecer la comunicación con el servidor web. Soporta las tecnologías de comunicaciones 4G (LTE), 3G y GSM/GPRS. Posee interfaces ACD, GPIO, I2C, SPI y puerto USB para actualización de firmware y control mediante comandos AT.

  Este dispositivo cuenta con tres puertos para conectar antenas externas: una principal, una auxiliar y una GPS (esta funcionalidad no se aplica en el presente trabajo).

El módulo de aplicación esa formado por los siguientes componentes:

- Fuente de alimentación regulada: está embebida en el sistema y se encarga de regular la tensión de alimentación del módulo de procesamiento. Para el procesador ESP32 entrega una tensión de 3.3 voltios y para el módulo de comunicación SIM7600 una tensión de 3.8 voltios.

- Súper capacitor: este componente pasivo de gran capacidad se encarga de mantener la tensión de la fuente regulada ante un corte de luz por al menos 8 segundos. Su tensión nominal es de 6 voltios y su capacidad es de 7 faradios.

- Indicadores visuales: estos indicadores conforman el panel frontal del módem de comunicación, está comprendido por tres leds y son los encargados de indicar el estado de conexión del dispositivo.

- Modbus: este puerto de comunicación está destinado a medidores eléctricos con comunicación serial RS232/485. El puerto UART del microcontrolador está conectado a un SP3232 [18] para cumplir con las normas de comunicación estandarizadas para este protocolo.

- Puerto óptico: en este puerto se conectan las sondas ópticas para la lectura de medidores eléctricos con protocolo ANSI y protocolo IEC.

- GPIO: son pines de propósito general destinados al manejo de los indicadores visuales y al control del módulo 4G utilizando pines como entrada y salida.

- USB: mediante este puerto se puede actualizar el firmware del módulo de comunicación y se pueden realizar pruebas programación utilizando comandos dedicados.

- Sensor de temperatura: este dispositivo se encarga de medir la temperatura interna del módem de comunicación y enviar los datos a un puerto analógico del procesador ESP32.

Conexionado y disposición de pines:

En la figura 3.2 se detallan los pines utilizados para realizar la comunicación entre el procesador ESP32 con el módulo SIM7600SA. Se utilizó el puerto de comunicaciones UART2 y tres pines GPIO del procesador ESP32.

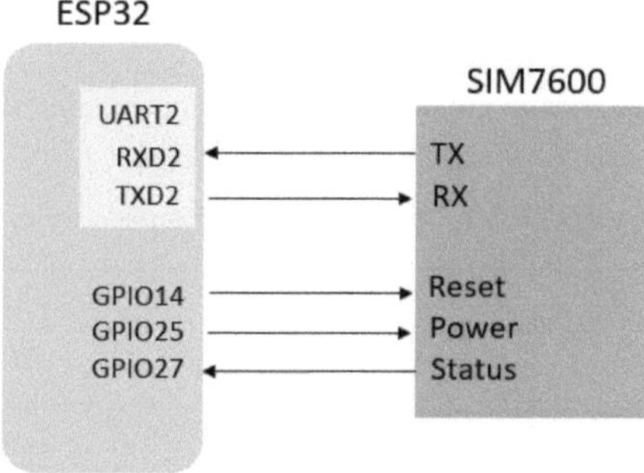


FIGURA 3.2. conexión entre el ESP32 y el módulo SIM7600.

Dos pines GPIO están declarados como salida y se utilizan para encender y resetear el módulo de comunicación desde el ESP32. El tercer pin está declarado como entrada y se utiliza para controlar el estado de conexión del módulo de comunicación.

Debido a que los puertos de comunicaciones de estos dos dispositivos trabajan con niveles de tensiones distintas, 3.3 voltios para el ESP32 y 1.8 voltios para el SIM7600, se implementó un sistema de adaptación de niveles lógicos.

En la figura 3.3 se observan los circuitos de coincidencia de tensión para la transmisión y recepción.

Para la configuración y programación del módulo de comunicación 4G se utilizan comandos AT [19]. Los comandos AT (comandos *attention*) son

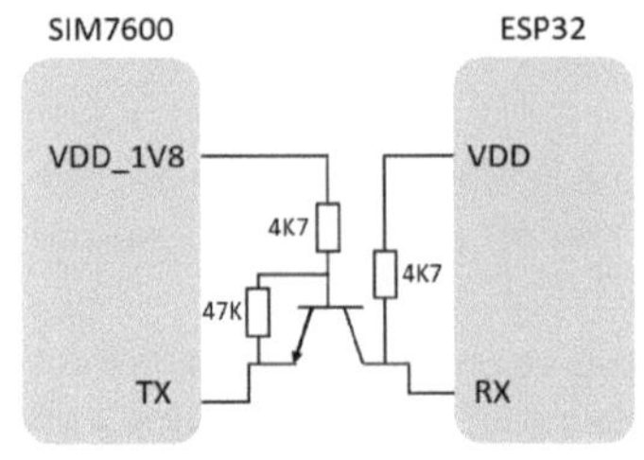


(A) Adaptación para transmisor.

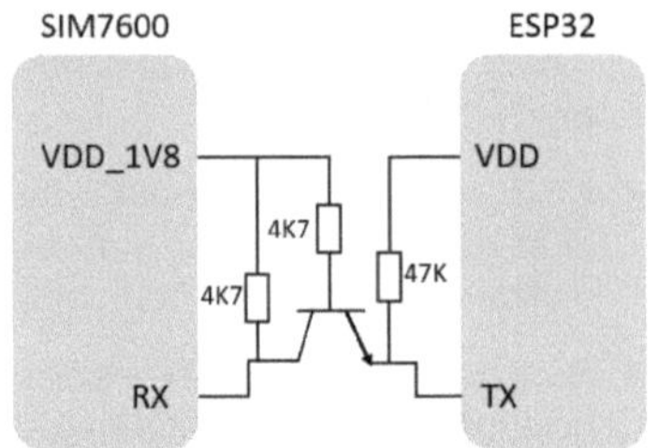


(B) Adaptación para receptor.

FIGURA 3.3. Circuito adaptador de tensión.

instrucciones codificadas que conforman un lenguaje de comunicación entre el hombre y el dispositivo terminal. Utilizando estos comandos el módem configura el módulo 4G con todos los parámetros necesarios para establecer una comunicación con el servidor web.

En la siguiente tabla 3.1 se listan algunos comandos utilizados para adquirir parámetros de conexión y establecer una comunicación TCP con el servidor web.

TABLA 3.1. Tabla de comandos AT

| Comandos AT | Descripción |
|---|---|
| AT+CGATT=1 | Activa red GPRS |
| AT+CGDCONT=1,IP,gprs.personal.com.ar | Conecta a la red celular |
| AT+CIPMODE=1 | Modo transparente |
| AT+CGDCONT=1,IP,edet.personal.com,user,pass | Se loguea en el servidor |
| AT+CIPOPEN=0,TCP,IP,puerto | Cliente TCP |
| AT+SERVERSTART=puerto,0 | Servidor TCP |
| AT+NETOPEN | Abre conexión TCP |
| AT+CSQ | Nivel de señal celular |
| AT+CPING=IP,1,1 | Ping a una IP fija |
| AT+NETCLOSE | Cierra la conexión |

## 3.2. Arquitectura IOT empleada

Existen diferentes sistemas o arquitecturas que nos permiten establecer una comunicación entre el módem con el software telecenter ubicado en el servidor web. Aunque solo veamos la interfaz de hardware, detrás hay una compleja arquitectura donde la información fluye de un punto a otro.

El sistema global, desde el medidor eléctrico hasta el telecenter, transforma una variable física (tensión y corriente) a una variable digital cuya información viaja por un medio físico a un medio virtual. A este proceso se lo divide en cuatro capas o fases que se ilustran en la figura 3.4.

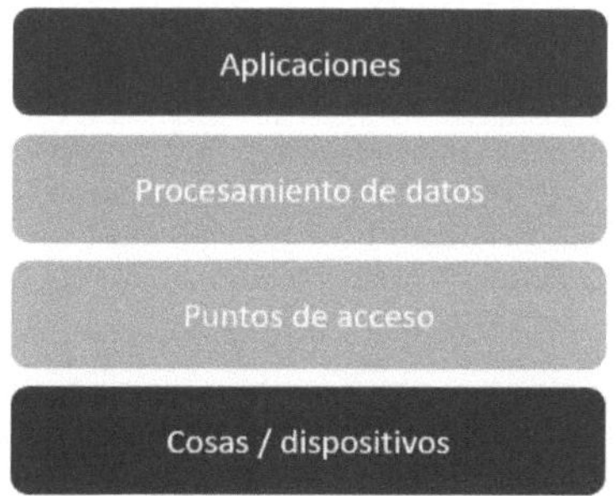




FIGURA 3.4. Arquitectura IoT.

A continuación se describen las capas de la arquitectura IoT empleada en el trabajo:

- Cosas / dispositivos: es la parte visible a los usuarios. Dentro de este bloque se encuentra el medidor eléctrico y los puertos de comunicación del módem.

- Puntos de acceso: los puntos de acceso permiten la conectividad de las cosas, objetos o dispositivos al servidor web. En este trabajo se utilizan dos tecnologías, la comunicación WiFi y la comunicación celular 4G.

- Procesamiento de datos: el eje central del IoT es la estructura de datos que se controlan en la etapa de procesamiento del módem. El buen funcionamiento del sistema de telelectura dependerá de las capacidades en la gestión de estos datos y el uso inteligente que se haga de ellos.

- Aplicaciones: en este bloque se encuentran las dos aplicaciones destinadas para este trabajo: telecenter cuya función es conectar y mostrar los datos finales a los usuarios, y la aplicación Android que se utiliza para realizar los test y las pruebas en terreno.

## 3.3.  Firmware de control

Para el desarrollo del firmware se evaluaron todos los requerimientos y las tareas que debía realizar el procesador, se probaron diferentes bibliotecas, sistemas operativos y la API de la empresa Espressif-ESPIDF [20].

Dada la simplicidad del manejo de esta API, sumado a la variedad de drivers y bibliotecas disponibles en internet, se optó por programar el firmware en bare-metal.

En el diseño del firmware se organizó y se empleó una estructura de capas para poder explicar las partes que componen el sistema. En la figura 3.5, se observa la estructura de capas que se detallan a continuación:

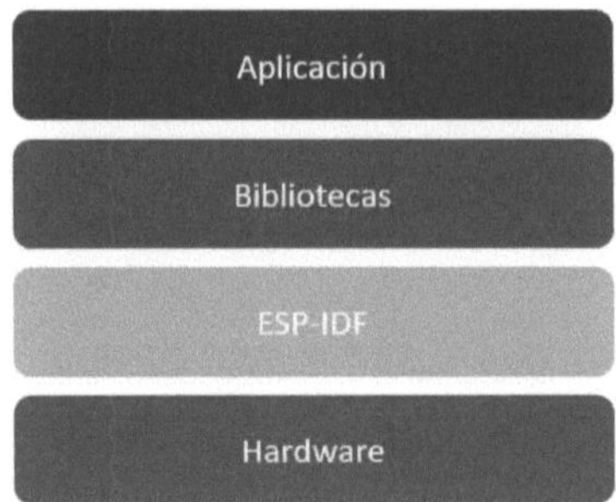


FIGURA 3.5. Diagrama de capas del firmware desarrollado.

- Capa de aplicación: es la capa de más alto nivel, aquí es donde se implementa toda la lógica del sistema. Está compuesta por módulos como máquinas de estado, interrupciones, empaquetamiento de datos, funciones, etc.

- Capa intermedia: está compuesta por un conjunto de bibliotecas y funciones que se encargan de controlar las comunicaciones UART, WiFi, Bluetooth, 4G entre otras.

- Capa de bajo nivel: en esta capa es donde ocurre la comunicación con el hardware mediante la API ESPIDF. En esta API se incluyen los controladores y drivers para el manejo de los puertos GPIO, UART, PWM, SPI, I2C entre otros.

## 3.3.1. Diagrama de flujo general

A continuación se detallan las funciones y tareas principales del firmware y sus criterios de programación. En la figura 3.6 se ilustra el diagrama de flujo del programa principal.

Descripción de los bloques del diagrama:

- Tareas que se realizan en el primer bloque:
  - Se declaran las Bibliotecas utilizadas en el proyecto.
  - Se declaran los puertos de entrada y salida.
  - Se setean todas las variables locales y globales.
  - Se establece el tamaño de la memoria Eeprom.
  - Se crea un vector de interrupción por timer para resetear el dispositivo cada 16 horas.

29

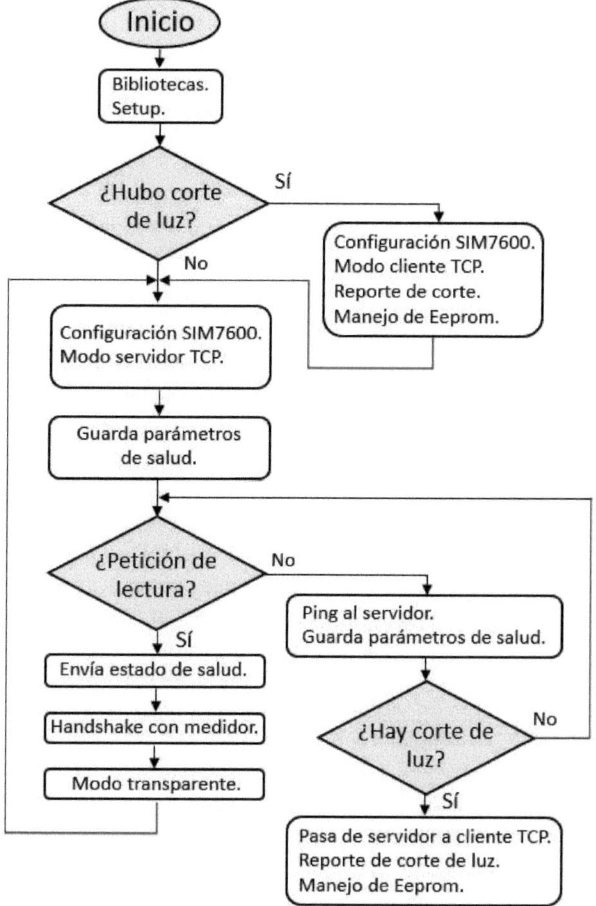


FIGURA 3.6. Diagrama de flujo del firmware.

- Se implementa una interrupción por flanco para la detección de corte de luz.

- Se inician y se establecen las velocidades de los puertos de comunicación.

En la tabla 3.2 se indican las velocidades de los puertos UART del módem de comunicación.

TABLA 3.2. Velocidades de comunicación

| Puerto | Descripción | Velocidad |
|--------|-------------|-----------|
| UART0 | Programación/debug | 500.000 baudios |
| UART1 | Módulo SIM7600 | 115200 baudios |
| UART2 | Puerto óptico | 2400 baudios |
| UART3 | Modbus RS232/485 | 9600 baudios |

- ¿Hubo corte de luz?: en este bloque el procesador lee una bandera en su memoria Eeprom interna y determina si hubo un corte del suministro eléctrico.

- En el caso de registrar un corte de luz el módem debe indicarle al servidor web que la energía está restablecida. Para realizar este reporte el procesador configura al módulo 4G como cliente TCP. Cuando el módem establece la comunicación con el servidor inmediatamente envía un paquete de datos en donde debe indicar su IP, nivel de señal y la palabra energía restablecida. Si el servidor recibe correctamente los datos envía un ACK indicando la recepción exitosa del paquete. El módem borra la bandera de la memoria interna y vuelve al inicio para continuar con el programa principal.

- Para el caso en donde no se reportaron cortes de luz, el dispositivo entra en modo módem. En este bloque el procesador configura al módulo 4G como servidor TCP y queda a la espera de la petición de lectura por parte del servidor web quien se conecta como cliente TCP.

- En el siguiente bloque el procesador adquiere el estado de salud, debe enviar comandos AT al módulo 4G para obtener los siguientes parámetros:

  - Imei del dispositivo.

  - IP del dispositivo.

  - Operador de red celular.

  - Tiempo de respuesta al servidor.

  - Intensidad de señal.

  - Tasa de error de bit.

- Última falla de conexión.

- Fecha y hora.

- Temperatura interna del módem.

■ Petición de lectura: este evento lo genera telecenter iniciando una conexión TCP como cliente, envía una trama de datos al módem solicitando el estado de salud e indicando el tipo de medidor a leer. El módem devuelve una trama con el estado de salud y comienza el handshake con el medidor eléctrico. Finalizado el handshake el módem pasa a modo trasparente.

■ De no haber petición de lectura, el programa entra en un bucle finito en donde actualiza el estado de salud y hace ping al servidor cada 40 segundos. En el mismo bucle consulta si hubo corte de luz, este evento lo hace por interrupción.

■ Si hubo corte de luz, el procesador guarda el evento en la memoria Eeprom y pasa de servidor TCP a cliente TCP. Una vez conectado al servidor reporta el evento y al igual que el bloque de restablecimiento de luz, envía una trama indicando IP propia, nivel de señal y la palabra corte de luz. Para esta solución se utiliza el súper capacitor, el cual mantiene la tensión en el módulo de procesamiento el tiempo suficiente para poder ejecutar estas tareas.

■ En el caso de no haber corte de luz el programa sigue ejecutando el bucle.

### 3.3.2. Bibliotecas e interrupciones

Para optimizar el firmware y hacerlo reutilizable en diferentes plataformas de programación, se desarrolló una biblioteca para cada módulo y protocolo. A continuación se describen todas las bibliotecas y funciones empleadas en el trabajo:

■ ADC.h: se utiliza para leer pines analógicos. El sensor de temperatura utilizado es el MCP9700 [21], este dispositivo que es leído desde el pin ADC1:0 del ESP32. El procesador ESP32 posee un conversor analógico digital de 12 bit de resolución.

■ Bluetooth.h: Mediante esta biblioteca se tiene acceso a varios registros de configuración de una conexión Bluetooth. Esta herramienta es muy útil a la hora de cambiar el nombre de red Bluetooth, el password de acceso, indicar cuando hay una conexión activa o cuando hay algún error en la transferencia de datos.

■ ANSI.h: es la encargada de realizar el handshake para medidores con protocolo ANSI. Posee todos los parámetros y paquete de datos de respuestas destinados a este protocolo.

- IEC.h: esta biblioteca contiene las configuraciones y parámetros para implementar una lectura con protocolo IEC.

- IrDA.h: es la encargada de recibir y decodificar las tramas IrDA.

- CRC16.h: esta biblioteca es la encargada de chequear todas las tramas recibidas por el módem, indica si el paquete de datos es correcto o no.

- Calculate CRC.h: esta biblioteca permite realizar el cálculo de CRC de la trama a transmitir, mediante una función agrega al final los dos bytes del CRC calculado.

- WordParser.h: esta biblioteca se utiliza para detectar palabras claves provenientes del módulo SIM7600SA. Realiza un parseo byte por byte hasta detectar la palabra solicitada.

- Modem.h: mediante esta biblioteca se establece la comunicación con el módulo SIM7600SA a través del puerto de comunicaciones UART2.

- Update.h: es la biblioteca encargada de verificar todos los días si hay una nueva versión de firmware disponible. Mediante una función compara la versión actual del firmware con la versión disponible en el servidor y en caso de verificar que la versión del servidor es mayor a la actual el procesador almacena el binario en su memoria flash para luego proceder con la actualización.

- Eprom.h: esta biblioteca es utilizada para inicializar la memoria Eeprom y seleccionar la cantidad de espacio a utilizar.

En la actualidad se encuentran instalados alrededor de 1500 módems distribuidos a lo largo y ancho de la provincia de Tucumán, motivo por el cual es muy importante realizar varios tests en las versiones nuevas firmware y doblegar la seguridad en la carpeta donde se aloja el binario de actualización. Cargar un binario erróneo que no disponga la función de actualización remota dejaría obsoletos todos los dispositivos instalados.

El ESP32 tiene dos grupos de temporizadores, cada uno con dos temporizadores de hardware de propósito general y posee cuatro temporizadores o timers. Todos los temporizadores se basan en contadores de 64 bits y preescaladores de 16 bits. El preescalador se utiliza para dividir la frecuencia de la señal de base, normalmente de 80 MHz, que luego se utiliza para incrementar o disminuir el contador de tiempo. Dado que el prescalificador tiene 16 bits, puede dividir la frecuencia de la señal del reloj por un factor de 2 a 65536, lo que da mucha libertad de configuración.

Para cumplir los requerimientos del firmware se implementaron dos interrupciones en el programa principal:

- Interrupción por hardware: estas ocurren en respuesta a un evento externo. Fue configurada para detectar un flanco descendente de un pin GPIO del ESP32. Este pin GPIO, declarado como entrada, censa

la tensión de alimentación para detectar cuando ocurre un corte de
luz.

■ Interrupción por software: estas ocurren en respuesta a una instrucción de software. Se implementó una interrupción de temporizador vigilada o por timer, para realizar un reset del sistema cada 16 horas. Esta funcionalidad es importante para evitar que el dispositivo quede tildado o en algún estado indebido.

En el siguiente código se describen las funciones implementadas para la interrupción por timer y por hardware. Se muestra además, la configuración y seteo de los parámetros de cada interrupción.

```
1
2
3  //--------------------------- INTERRUPCIONES--------------
4
5  void IRAM_ATTR onTimer() {       // Evento por timer
6    resetSIM();    // reset por hardware
7    resetESP();    // reset por software
8  }
9
10 void IRAM_ATTR isr() {           // Evento por Hardware
11   GuardoEeprom();    // guardo bandera en eeprom
12   reporteCorte();    // realizo reporte de corte
13 }
14
15
16
17
18 //--- CONFIGURACION DE LAS INTERRUPCIONES ---
19
20 void ConfigInterrup() {
21
22   attachInterrupt(tension.PIN, isr, FALLING); // interrup flanco
       GPIO
23   timer = timerBegin(0, 80, true);     //Prescaler para 80MHz
24   timerAttachInterrupt(timer, &onTimer, true);
25   timerAlarmWrite(timer, 500000000, true);  // 16 hs
26   timerAlarmEnable(timer);
27
28 }
```

CÓDIGO 3.1. Interrupciones por hardware y software.

### 3.3.3. Trama de datos

A continuación se describen los paquetes de datos enviados por el canal de comunicación entre el módem y el software telecenter. Como se mencionó anteriormente estos paquetes de datos deben cumplir con el estándar ANSI C12.19.

En la figura 3.7 se ilustra una trama enviada desde telecenter al módem de comunicación.

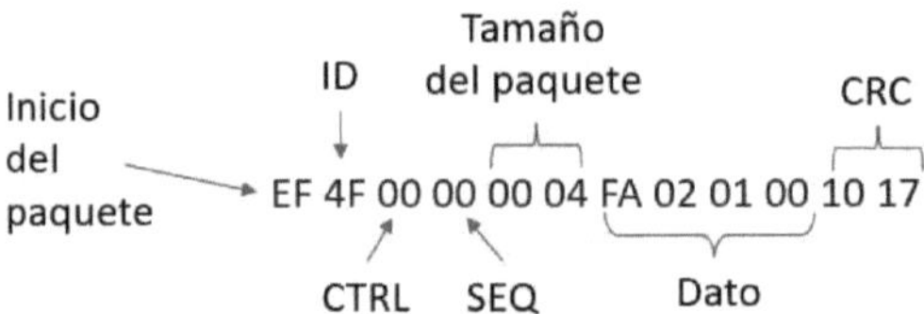


FIGURA 3.7. Trama enviada por telecenter al módem.

Se observa en la trama que el inicio del paquete de datos va encabezado por el byte 0xEF, luego el ID de telecenter que es el byte 0x4F. En este ejemplo se realiza una petición con un paquete de datos de cuatro bytes de tamaño.

Por otro lado, en la figura 3.8 se observa la respuesta del módem hacia el telecenter.

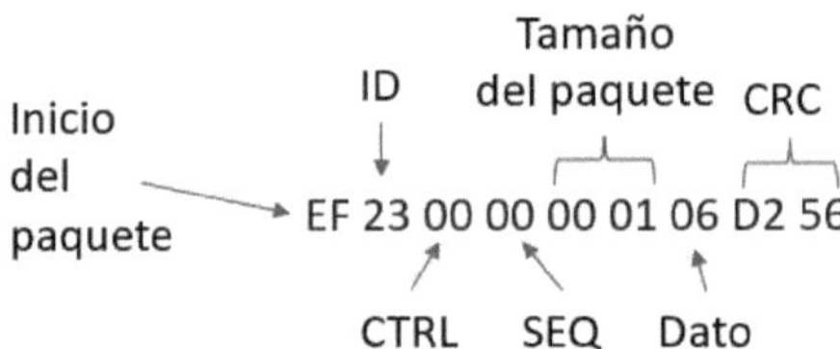


FIGURA 3.8. Trama enviada por el módem a telecenter.

Para este caso, el encabezado es el mismo byte y el ID asignado para el módem de comunicación es 0x23. Para este ejemplo la trama que devuelve el módem es un byte de ACK con el valor 0x06.

La codificación adoptada para armar y concatenar la trama del estado de salud es ilustrada en la figura 3.9.

FIGURA 3.9. Trama estado de salud.

Para armar la trama completa del estado de salud se requieren de varios reintentos ya que hay parámetros de configuración que no se encuentran disponibles al iniciar conexión con la red celular. El sistema realiza reintentos cada 15 segundos hasta lograr recuperar la trama completa. Este proceso puede durar desde 30 segundos hasta 2 minutos.

Una vez que el procesador recupera una trama completa la almacena en la memoria flash y la deja disponible para cuando el servidor realice una petición. La actualización de la trama de salud se realiza cada 40 segundos por lo que el procesador debe verificar la trama nueva antes de desechar la anterior.

### 3.3.4. Protocolo y control de datos

En esta subsección se detallan las bibliotecas y las funciones creadas para armar el protocolo y controlar el tráfico de datos.

En el siguiente código se muestra la función encargada de calcular el CRC, que es una verificación de redundancia cíclica. Esta herramienta mediante funciones polinómicas permite identificar si hubo algún bit corrompido en la trasmisión y de ser así, el módem le indica al servidor que vuelva a reenviar la trama de datos.

```
1  #include "crc_calculator.h"
2  #include <ESP32.h>
3  unsigned short calculateCRC(unsigned char data[], unsigned int
       length)
4  {
5          unsigned int i;
6          unsigned short crc = 0;
7          for(i=0; i<length; i++){
8                  crc = (unsigned char)(crc >>8) | (crc <<8);
9                  crc ^= data[i];
10                 crc ^= (unsigned char)(crc & 0xff) >> 4;
11                 crc ^= crc << 12;
12                 crc ^= (crc & 0x00ff) << 5;      }
13
14 byte low = (crc & 0xFF);
15 byte high = (crc >> 8) & 0xFF;
16 byte resultado[length+4];
17 resultado[length]= high;
18 resultado[length+1]= low;
19
20 for(int i=0; i<length;i++) resultado[i]=data[i];
21 Serial1.write(resultado,length+2);  // agregado de CRC
22 }
```

Código 3.2. Código de la función CRC.

La función calculateCRC() recibe en su argumento el paquete de dato y su tamaño. Realiza el cálculo del CRC utilizando desplazamientos y concatenamiento byte por byte obteniendo el cálculo en la variable resultado. Finalizado el cálculo la función devuelve el mismo paquete de datos pero al final agrega dos bytes con el valor calculado del CRC.

Para enviar datos al servidor se implementó una función para construir paquetes de datos con los estándares del protocolo ANSI. En el siguiente código se observa la función que a cada paquete de datos le agrega una estructura con los requisitos del protocolo.

```c
1  #include "ansi.h"
2  #include "CRC16.h"
3
4
5  static uint8_t msgAnsiBuffer[MAX_ANSI_BUFFER_LEN];
6  static uint16_t msgAnsiBufferLen;
7
8  void buildAnsiMessage(uint8_t id, const uint8_t *data, uint16_t
       len, uint8_t ctrl, uint8_t seq_number)
9  {
10    msgAnsiBufferLen = 0; //init
11    ST_BYTE(STP);
12    ST_BYTE(id);
13    ST_BYTE(ctrl);
14    ST_BYTE(seq_number);
15    ST_WORD(len);
16    ST_DATA(data, len);
17    uint16_t crc = getCrc16(msgAnsiBuffer, msgAnsiBufferLen);
18    ST_WORD_R(crc);
19 }
```

CÓDIGO 3.3. código de la función constructora de ANSI.

La función buildAnsiMessage() agrega bytes a un paquete de datos convencional para completar la estructura de un paquete con protocolo ANSI 12.21.

Por otro lado, para el control de cada respuesta se implementó la función esperoOK() que utiliza la biblioteca WordParser.h. Esta función que permite crear objetos para parsear caracter por caracter y detectar palabras claves.

En la siguiente sección de código se describe el uso de la biblioteca WordParser.h para detectar cuando el módulo devuelve OK o ERROR.

```cpp
1  # include <WordParser.h>
2
3  WordParser ok("OK");     // se definen palabras claves
4  WordParser error("ERROR");
5  WordParser done("DONE");
6  WordParser qs("QS");
7
8  bool esperoOk ( uint16_t timeout )
9  {
10 while ( true )
11 {
12 if ( Serial2.available()) // recibo por la uart2
13 {
14 char c = Serial2.read ();
15 Serial.print(c);
16 if(ok.Match(c)) // utilizo WordParser para detectar OK
17 {
18 tiempo = 0;
19 return true ;
20 }
21 if ( error.Match (c)) // utilizo WordParser para detectar ERROR
22 {
```

```
23    tiempo ++;
24    if ( tiempo >=5) // 5 reintentos cada 1 seg
25    {
26    tiempo = 0;
27    return true ;
28    } else
29    return false ;
30    }
31    }
32    }
33    }
```

Código 3.4. Código de la función esperaOK.h.

La función WordParser(String w) devuelve verdadero cuando encuentra el texto de su argumento en la respuesta proveniente del módulo SIM7600SA. De esta manera se controla el estado de conexión del módulo y las respuestas a los comandos enviados.

Para este trabajo se tomaron varias palabras claves posibles para detectar algunos parámetros de configuración que se detallan a continuación:

- OK: cuando el comando fue ejecutado con éxito.
- ERROR: cuando el comando es inválido o no se puede ejecutar.
- QS: indicador de nivel de intensidad de señal celular.
- CONNECT: indica cuando el dispositivo está conectado.
- DONE: indica cuando el módulo encendió correctamente.
- CPING: indica el tiempo de respuesta al servidor en milisegundos.
- COPS: indica la operadora de red celular.
- IPADDR: indica la dirección IP del chip instalado en el módem.
- SIMEI: indica el número de imei del dispositivo.
- NETOPEN: indica que la conexión de red fue abierta con éxito.
- NETCLOSE: cierre de conexión.
- SERVERSTART: inicia conexión como servidor.

Con la implementación de esta función se logró tener el control de todas las respuestas posibles proveniente del módulo 4G. Además, se logró adquirir todos los parámetros de salud del módem y realizar una conexión exitosa con el servidor web.

Por otro lado la biblioteca WordParser.h es utilizada en las bibliotecas ANSI.h y IEC.h para detectar tramas de datos provenientes del medidor en donde se necesite identificar paquetes de datos como cambios de velocidad del puerto de comunicación, ACK, cierre de conexión, errores en la transmisión, etc.

38

# 3.4. Interfaz de usuario

En la parte frontal del módem de comunicación se observan tres leds cuya función es indicar el estado de conexión del dispositivo. En la figura 3.10 se ilustra el panel frontal del módem de comunicación.

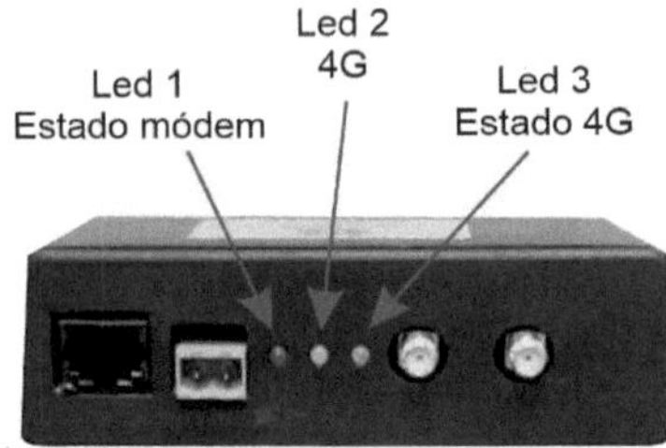


FIGURA 3.10. Panel frontal.

Seguidamente se detalla la función de cada led indicador de estado:

- El primer led indica en que estado se encuentra el módem, dispone de una frecuencia de parpadeo y es de color rojo.

- El segundo led es de color verde e indica cuando el módulo 4G está encendido.

- El tercer led indica el estado de la conexión 4G, dispone de dos frecuencias de parpadeo y es de color verde.

En la tabla 3.3 se indican los posibles estados de los leds del panel frontal.

TABLA 3.3. Estado de los leds

| Led | Estado | Significado |
| --- | --- | --- |
| Estado módem | Encendido | Equipo inactivo, iniciando |
| | Apagado | Equipo activo |
| | Parpadeando 0,5 seg | Transferencia de datos |
| 4G | Apagado | Módulo 4G apagado |
| | Encendido | Módulo 4G encendido |
| Estado 4G | Parpadeo 1 seg | Conectando equipo |
| | Parpadeo 0,5 seg | Equipo conectado |

En resumen, en la tabla 3.4 se describe el estado de los leds para indicar cuando el módem de comunicación esté listo y conectado a la red celular.

Para realizar la configuración inicial, o bien para cambiar los parámetros de conexión, se desarrolló una aplicación Android en donde el instalador puede modificar la dirección IP y el puerto de la conexión TCP. Además, tiene la posibilidad de realizar testeos y tomar lecturas en terreno para verificar que todos los valores estén dentro de lo normal. Esta herramienta es

| Led | Estado | Significado |
| --- | --- | --- |
| Estado módem | Encendido | Equipo inactivo, iniciando |
| 4G | Encendido | Módulo 4G apagado |
| Estado 4G | Parpadeo 0,5 seg | Equipo conectado |

muy útil ya que el instalador puede verificar el funcionamiento del sistema con la posibilidad de solucionar el imprevisto en el momento.

Para el desarrollo de la aplicación se utilizó la herramienta Appinventor [22], que es un entorno de desarrollo de software para la elaboración de aplicaciones destinadas al sistema operativo Android. La conexión entre el dispositivo móvil y el sistema de telemedición se realiza mediante una conexión Bluetooth. En la figura 3.11 se observa la pantalla del dispositivo y los parámetros de configuración.

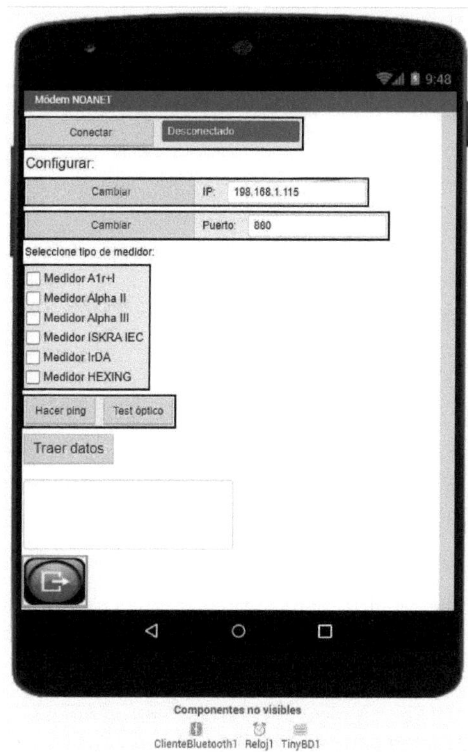


FIGURA 3.11. Aplicación Bluetooth.

Para ejecutar la prueba el instalador debe colocar la dirección IP y el puerto del dispositivo. Para verificar el estado de conexión puede solicitarle al servidor el tiempo de respuesta al módem haciendo un click en hacer ping. Además, cuenta con una herramienta de un test óptico para probar si es módem recibe tramas del medidor. Si estos valores están correctos, el instalador debe seleccionar el tipo de medidor y solicitar la lectura del servidor haciendo click en traer datos.

## 3.5. Circuito impreso y esquemático

A la hora de realizar el diseño y la selección de componentes para el hardware, se tuvieron en cuenta aspectos importantes relacionados con la manufactura, disponibilidad de componentes en el país y el uso de plataformas de desarrollo abiertas. En los primeros prototipos se utilizaron componentes de proveedores nacionales. Se instalaron en terreno cuatro módems que estuvieron en prueba por tres meses.

En la figura 3.12 se ilustra la cara superior del circuito impreso y en la figura 3.13 la cara posterior.

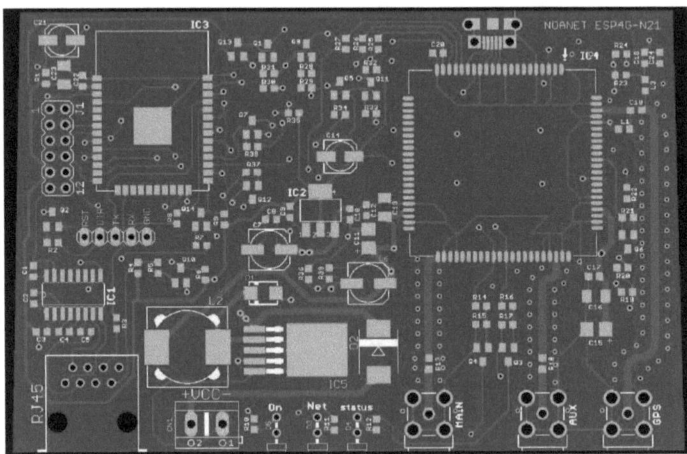

FIGURA 3.12. Circuito impreso de la cara superior.

Seguidamente, se describe el circuito esquemático que se divide en tres partes:

En la primera parte se describe el bloque de alimentación (fuente regulada). Este bloque está compuesto por dos circuitos de regulación: el LM2596 y el LD1117. Ambos circuitos se alimentan con un voltaje de entrada de 6 voltios. En la figura 3.14 se ilustra el primer bloque.

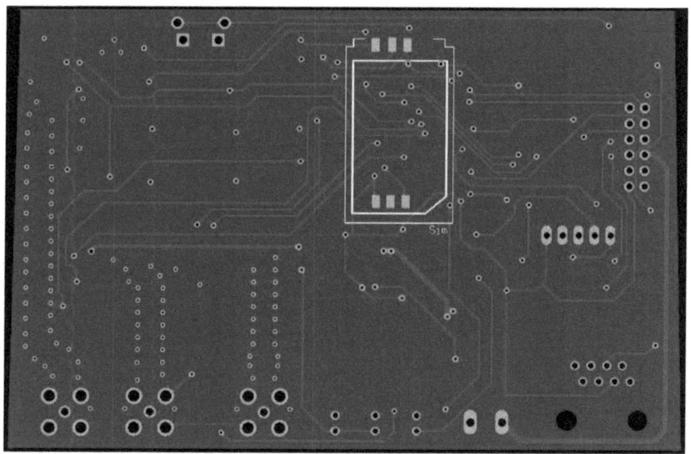

FIGURA 3.13. Circuito impreso de la cara posterior.

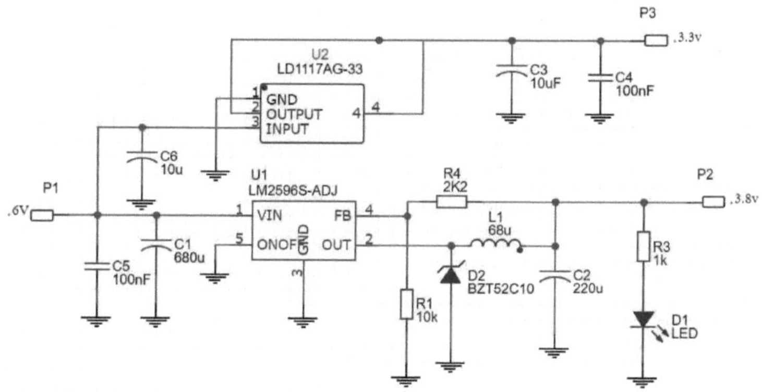



FIGURA 3.14. Circuito esquemático de la fuente regulada.

El circuito integrado LD1117 es un regulador de tensión de baja pérdida capaz de entregar 0,8 amperes de corriente en su salida. Para este circuito se utiliza una tensión fija de regulación igual a 3.3 voltios.

El integrado LM2596 es un regulador de conmutación reductor buck capaz de entregar 3 amperes de corriente de carga. Opera a una frecuencia de conmutación de 150 kHz y está configurado en el circuito para entregar una tensión fija de 3.8 voltios a su salida.

La segunda parte del circuito esquemático está compuesta por la etapa de comunicación. En la figura 3.15 se ilustra el circuito esquemático en donde se muestra el módulo de comunicación SIM7600SA y su conexionado.

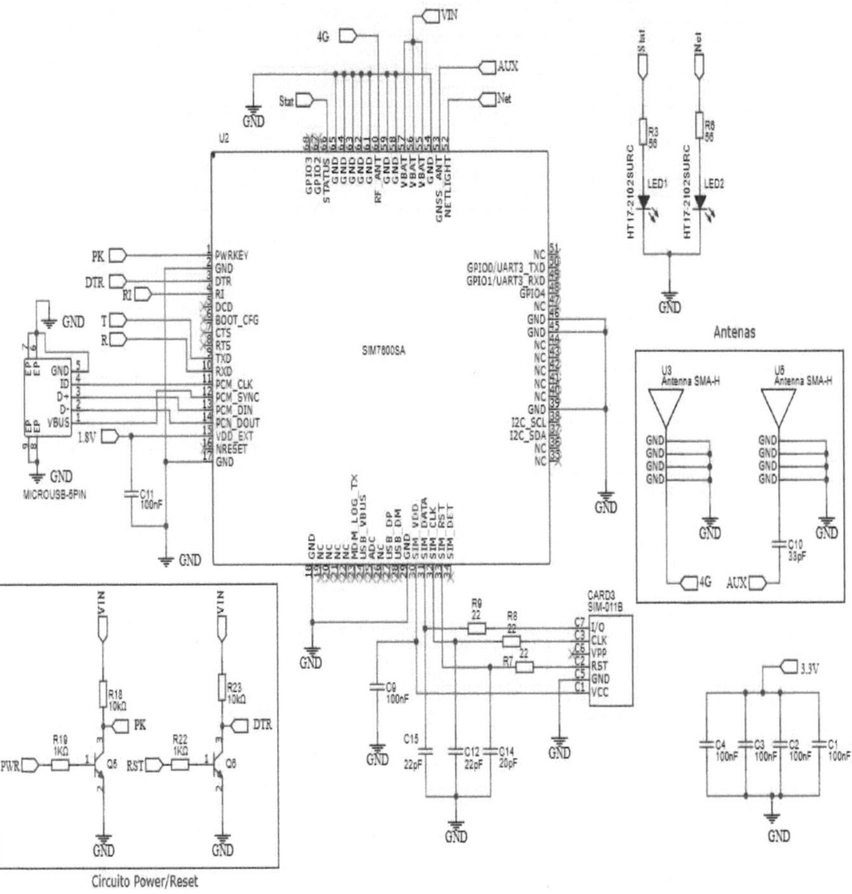

FIGURA 3.15. Circuito esquemático del módulo de comunicación.

Se observa en este bloque el circuito de control para el power y reset que son comandados por el procesador para realizar el encendido y el reseteo del módulo de comunicación por hardware. El módulo dispone de una antena principal y una antena auxiliar, ambas antenas son utilizadas en este trabajo. La antena de GPS queda como opcional para futuras versiones.

La tercera y última etapa del circuito esquemático está compuesta por el módulo de procesamiento. En la figura 3.16 se ilustra el módulo ESP32 y su conexionado.

En esta etapa se observa el circuito de programación que posee una configuración para ser programado por un conversor usb-ttl. Se muestra el

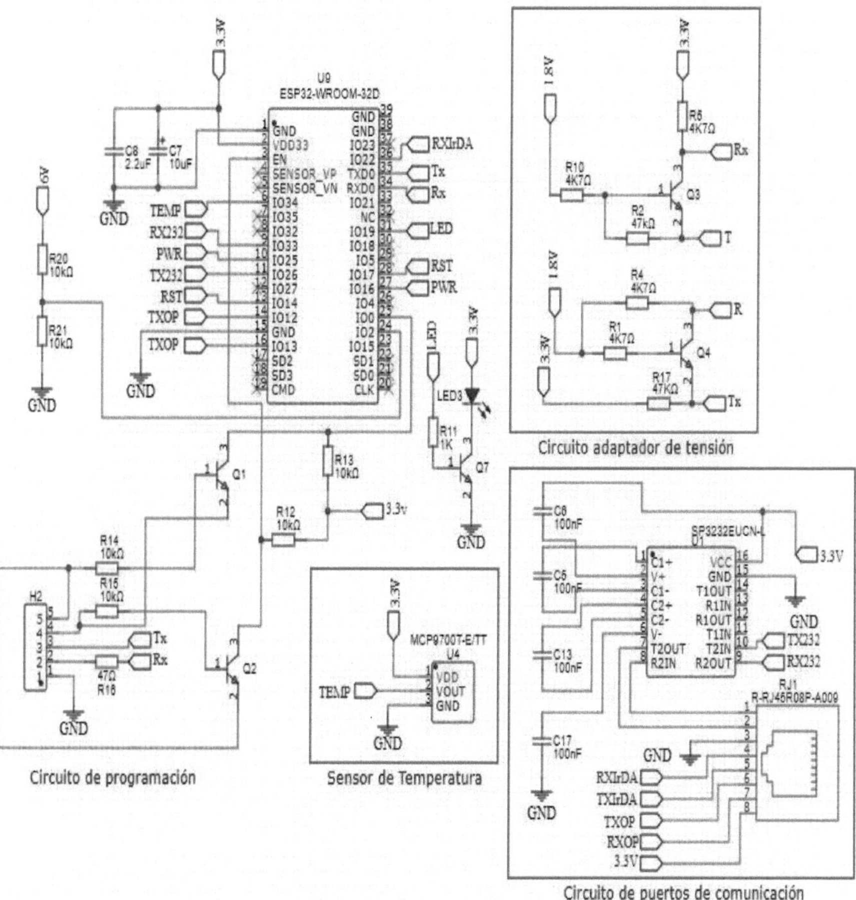

FIGURA 3.16. Circuito esquemático del módulo ESP32.

circuito de puertos de comunicación en donde se indica los pines de conexión del conector RJ45. En este conector se conecta la sonda lectora quien se encarga de interactuar con el medidor.

## 3.6.  Manufactura

Si bien una empresa del grupo de Noanet tiene capacidad para importar, los constantes cambios en las políticas aduaneras del país debido a la pandemia actual, llevaron a minimizar la dependencia de proveedores extranjeros, motivo por el cual se optó por realizar la manufactura con la empresa SEI circuitos impresos [2]. Esta empresa, ubicada en la provincia de Buenos Aires, se encarga de la fabricación del circuito impreso, de la compra y montaje de los componentes entregando un producto final listo para ser montado en el gabinete. La primera producción fue de 1500 unidades.

En la figura 3.17 se ilustra la cara superior del circuito impreso terminado y en la figura 3.18 la cara posterior.

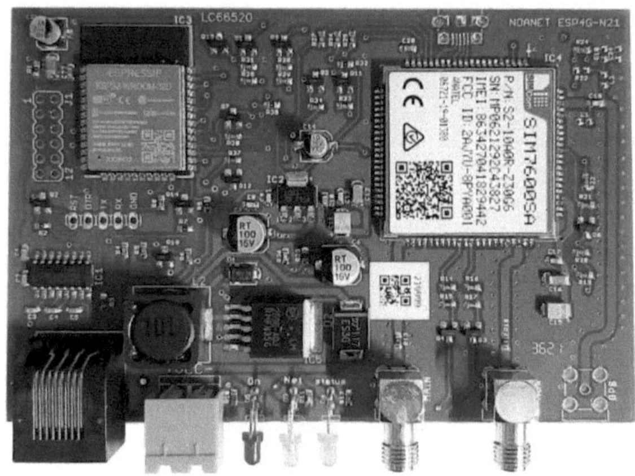

FIGURA 3.17. Circuito impreso de la cara superior.

Los gabinetes fueron encargados en la empresa Chillemi Hnos. [23] quienes realizaron el maquinado de la tapa frontal para poder ensamblar correctamente el circuito impreso. En la figura 3.19 se ilustra un lote de equipos montados en sus gabinetes.

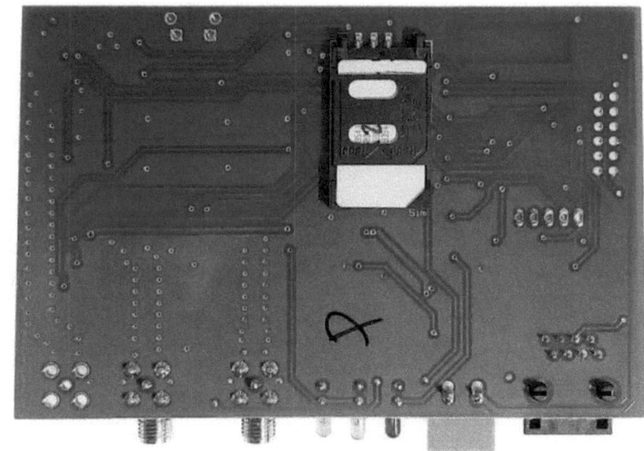

FIGURA 3.18. Circuito impreso de la cara posterior.

FIGURA 3.19. Montaje en gabinete.

# Capítulo 4

# Ensayos y resultados

En este capítulo se detallan las pruebas efectuadas sobre el hardware y el firmware a lo largo del desarrollo y se analizan los resultados obtenidos tanto en el laboratorio como en terreno.

## 4.1. Banco de pruebas

La empresa Noanet cuenta con un laboratorio en donde hay disponible diferentes tipos y modelos de medidores eléctricos. En la figura 4.1 se ilustra el banco de pruebas utilizado para los ensayos y testeos de laboratorio.

FIGURA 4.1. Laboratorio de medidores Noanet.

Además, las instalaciones cuentan con todo el instrumental necesario para ensayar los equipos como osciloscopio, fuente de laboratorio, multímetro, generador de señales, termómetro infrarrojo, etc.

## 4.1.1. Pruebas unitarias de comunicación

La primera prueba de comunicación en el laboratorio consiste en establecer una conexión TCP y enviar datos al servidor web. Para este ensayo inicial se utilizó una placa de desarrollo del fabricante Simcom con el módulo SIM7600. Este dispositivo, entre otras cosas, dispone de dos puertos de comunicación USB: el primer puerto se utiliza para actualizar el firmware del módulo de comunicación y el segundo puerto posee un conversor serial que se utiliza para enviar comandos AT desde una PC.

En la figura 4.2 se observa la placa de desarrollo de la empresa Simcom y la conexión USB-UART empleada.

FIGURA 4.2. Conexión UART de la placa de desarrollo.

Para enviar los comandos AT desde la computadora a la placa de desarrollo se utiliza el programa Ai-Thinker Serial Tool [24]. En la figura 4.3 se muestra una captura del programa y se observan los comandos AT listos para ser enviados. La velocidad del puerto de comunicación por defecto es 115200 baudios.

Con esta aplicación se realizó un banco de pruebas en donde se estudiaron y documentaron todos los comandos AT necesarios para realizar una conexión TCP y adquirir los parámetros de conexión. La ventaja de esta aplicación respecto a otras similares, es que tiene varias ventanas para enviar los comandos en secuencia por que agilizó y simplificó las tareas de prueba y documentación.

Para implementar las funciones de control y conexión mediante comandos AT se utilizó la recomendación provista por el fabricante en la hoja de datos del módulo SIM7600SA. Se implementó el diagrama de flujos para conexión TCP que se muestra en la figura 4.4.

Una vez realizada la conexión TCP se hicieron pruebas enviando paquetes de datos al servidor web.

Seguidamente, del lado del servidor se utilizó el programa Hercules utility [25]. Esta herramienta permite realizar conexiones como cliente o como servidor TCP y posee entre otras cosas, una consola en donde se pueden recibir y enviar mensajes a sus terminales conectados.

---

[1]Imagen tomada de https://cika.com.ar/soporte/Information/GSMmodules/SIM7600/Hardware_Design/SIM7600_Series_Hardware_Design_V1.02.pdf

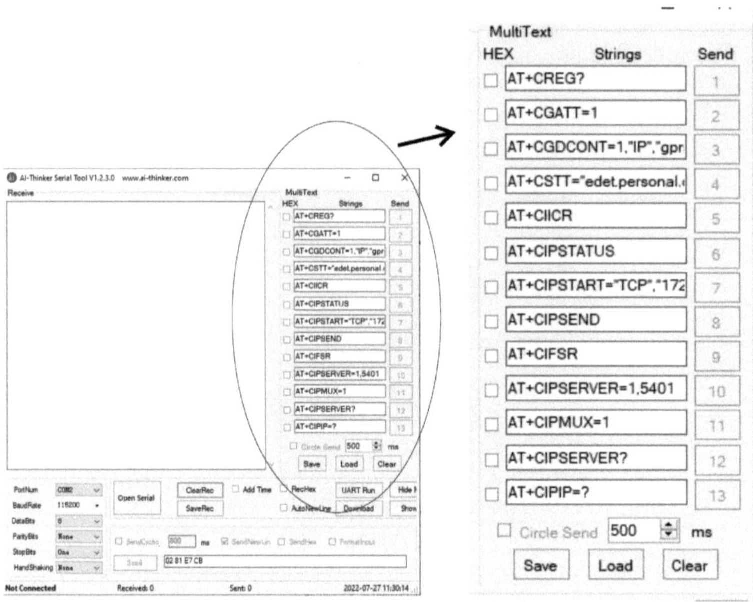



FIGURA 4.3. Ai-thinker serial tools.

Para los primeros ensayos se programó el módem como servidor TCP; se hicieron pruebas de tráfico de datos, test de velocidades de transmisión con poca señal celular, se analizaron los parámetros de error del módulo, se realizaron cálculos de intensidad de señal, etc. Finalizado este ensayo se realizaron las mismas pruebas pero programando el módem como cliente TCP. Para estos ensayos todos los datos fueron enviados de manera manual y por consola.

En la figura 4.5 se ilustra la ventana del programa Hércules en donde se observa la recepción de un reporte de retorno de energía proveniente de módem. El reporte se hizo a la IP del servidor y al puerto 11000.

Otra prueba que se realizó en este ensayo fue enviar la respuesta ACK desde el servidor al módem una vez recibida la trama de datos. Todos los ensayos iniciales se realizaron enviando cadena de caracteres en modo texto para verificar de manera sencilla la llegada de estos datos. Seguidamente se comenzó con el desarrollo del protocolo ANSI para el envío de datos en formato Hexadecimal.

Finalizado este ensayo se logró documentar todos los comandos AT para establecer conexiones como servidor y como cliente TCP, se probaron comandos de configuración y de reporte para armar la trama de estado de salud y se pudo establecer una comunicación bidireccional entre el módem

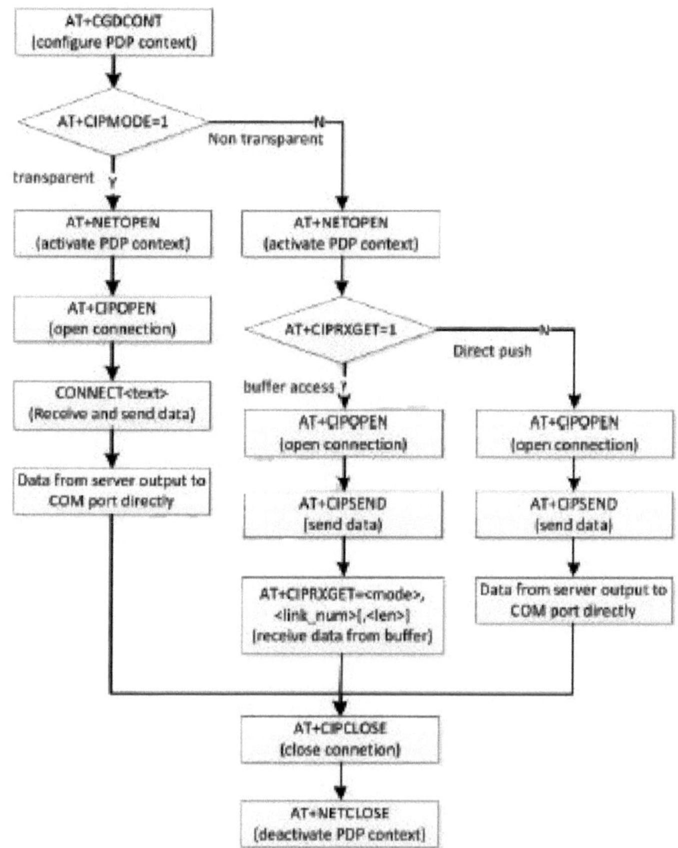


FIGURA 4.4. Diagrama de flujo para establecer la conexión TCP[1].

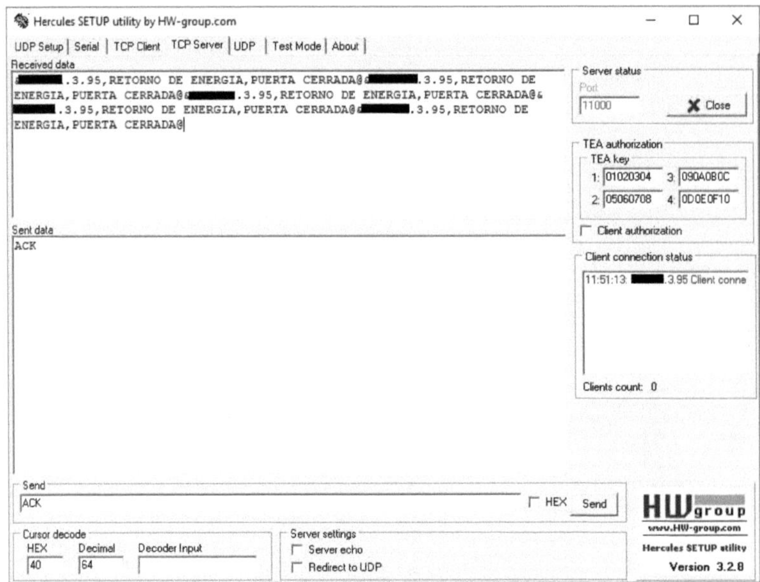

FIGURA 4.5. Recepción de datos en el servidor.

y el servidor web. Por otro lado se adquirió experiencia en conexiones TCP y en el manejo del dispositivo de telecomunicación.

## 4.1.2. Prueba de lectura de medidores

Para las primeras pruebas de lectura de medidores se empleó una conexión Bluetooth en el módulo ESP32 para enviar y visualizar los datos en un celular, se utilizó la aplicación para Android Bluetooth serial terminal [26].

En el primer ensayo se utilizó una sonda óptica con puerto IrDA. Los medidores con éstas características envían tramas de datos constantemente por su led transmisor sin la necesidad de realizar un handshake. Para este trabajo se realiza una conexión unidireccional, o sea que el módem trabaja solo como receptor IrDA, no transmite ningún dato. El ESP32 dispone solamente de un puerto de comunicación UART configurable a modo IrDA. Para este trabajo se utilizó solo el pin RX del puerto de comunicación configurado a 2400 baudios.

En la figura 4.6 se ilustra una trama completa de un medidor elster modelo A1051 con protocolo IrDA.

Estos ensayos fueron muy importante a la hora de comenzar a destinar los pines de conexión para el diseño del circuito esquemático ya que el

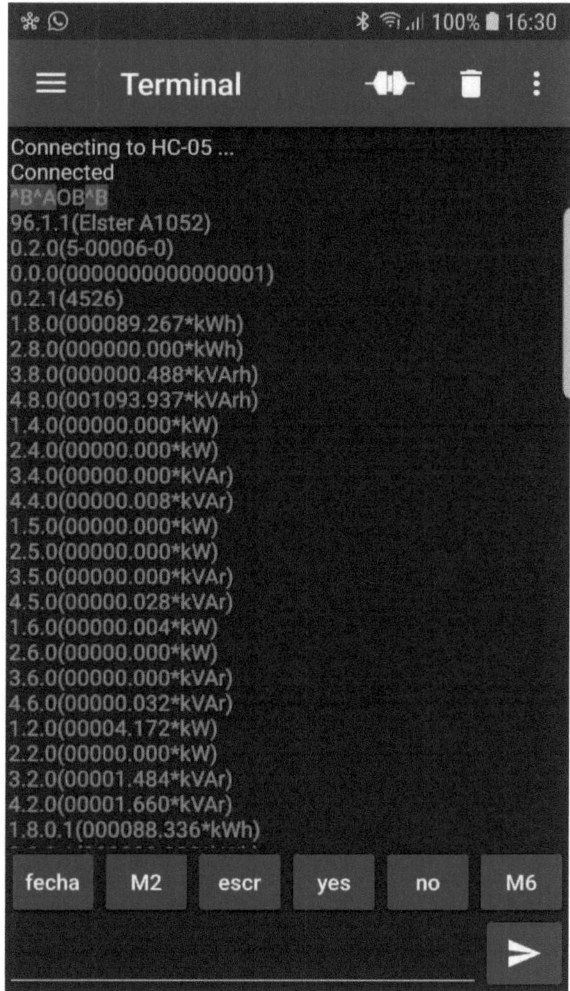


FIGURA 4.6. Lectura de un medidor eléctrico.

puerto IrDA en el procesador ESP32 tiene pines exclusivos y no pueden ser reasignados.

Para la lectura de medidores de grandes clientes se realizó un diseño en 3D de las sondas lectoras, también llamados chupetes ópticos, en donde se alojan los leds transmisor y receptor separados por una distancia establecida por el protocolo. Además, se agrega un imán de neodimio de 10 mm para la sujeción de la sonda en el puerto óptico del medidor.

En la figura 4.7a se ilustra el diseño en 3D de un chupete óptico para protocolo ANSI y en la figura 4.7b para protocolo IEC.

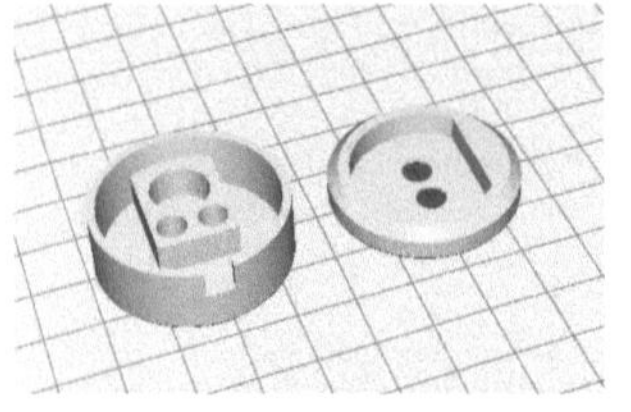

(A) Diseño 3D para protocolo ANSI.

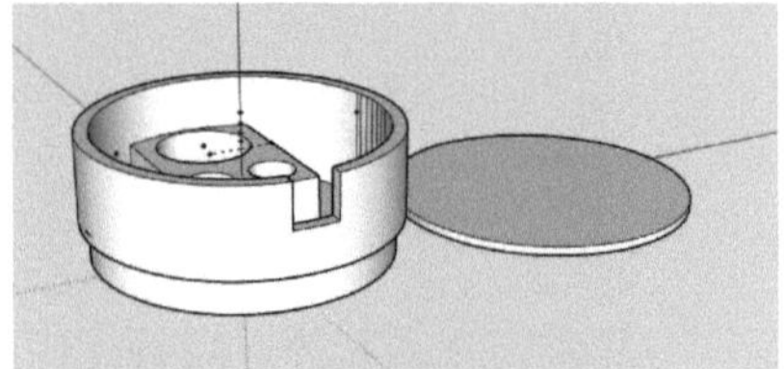

(B) Diseño 3D para protocolo IEC.

FIGURA 4.7. Diseño 3D para chupetes ópticos.

Para las primeras pruebas de lectura de medidores de grandes clientes se realizó el handshake enviando los comandos de forma manual. Una vez documentado el proceso se implementó un algoritmo en el procesador ESP32 para realizarlo de manera automática. Para este ensayo se utilizó el puerto de debug del ESP32 para imprimir los datos por consola.

En la figura 4.9 se observa el log de lecturas de un medidor con protocolo IEC.

Para medidores con protocolo IEC se observa una tabla de datos con numeración que se denominan códigos OBIS [27] (Object Identification System). Estos códigos se utilizan para identificar a cada parámetro como objetos de medición. El tamaño de estas tablas va a depender de cada fabricante. A modo de ejemplo en la tabla 1 se muestran algunos códigos OBIS de importancia.

De la misma manera, para el último ensayo se realizó la lectura de un medidor con protocolo ANSI. La trama de datos se observa en la figura 4.8.

Finalizado los ensayos individuales para la lectura de medidores, comenzó la implementación final del firmware en donde se integran los tres protocolos. Debido a que cada protocolo maneja una velocidad de transmisión distinta en el puerto UART, se estableció que el modelo y el tipo de medidor se debe indicar desde telecenter en una trama inicial.

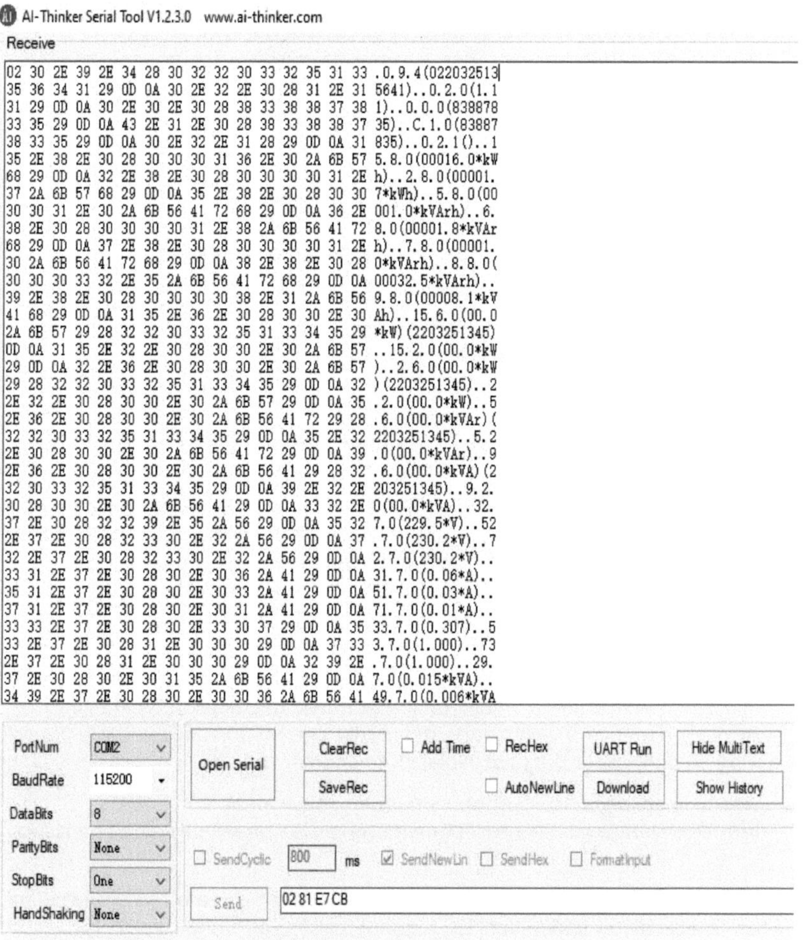

FIGURA 4.8. Lectura de un medidor con protocolo IEC.

TABLA 4.1. Tabla de códigos Obis.

| Código Obis | Descripción |
| --- | --- |
| 1.8.0 | Energía activa positiva. |
| 3.8.0 | Energía reactiva. |
| 32.7.0 | Tensión fase R. |
| 52.7.0 | Tensión fase S. |
| 72.7.0 | Tensión fase T. |
| 31.7.0 | Corriente fase R. |
| 51.7.0 | Corriente fase S. |
| 71.7.0 | Corriente fase T |
| 13.7.0 | Factor de potencia instantáneo. |
| 14.7.0 | Frecuencia. |

En la provincia hay instalados medidores Alpha II con protocolo ANSI que tienen muchos años de antigüedad. Se puede observar en el puerto óptico un deterioro en los leds que suelen estar opacos y resecos. Por esta problemática, en varias ocasiones se registraron cortes de comunicación cuando la sonda se movía.

Para solucionar estos inconvenientes se realizaron varios modelos de impresiones 3D hasta conseguir que los leds de la sonda queden fijados lo más cerca posible del puerto óptico del medidor.

## 4.1.3.  Integración final

Integrado todo el sistema comenzaron las pruebas y la interacción con la aplicación telecenter. Al iniciar la aplicación es necesario indicar el tipo de medidor a leer, la IP y el puerto del módem de comunicación. En la figura 4.10 se observa la pantalla inicial de telecenter.

Desde la aplicación telecenter se pueden seleccionar varias tareas de lectura. Por ejemplo, para una lectura mensual, las tareas utilizadas para facturación están marcadas en la figura 4.11.

El tiempo de lectura va a depender de la cantidad de tares seleccionadas en la aplicación telecenter. En algunos casos, en donde se solicita leer perfil de carga el tiempo de ejecución puede demorar hasta 10 minutos. Caso contrario, para una lectura mensual el tiempo de ejecución ronda los 30 segundos dependiendo de la intensidad de señal celular en la zona en donde se instaló el módem de comunicación.

Seleccionadas las tareas se procede a la ejecución de la lectura, la aplicación telecenter se conecta como servidor al módem y comienza el tráfico de datos.

A medida que avanzan las lecturas de las tablas de medición, la aplicación incrementa de manera gradual el porcentaje de ejecución mostrando por consola las tareas que va realizando en tiempo real.

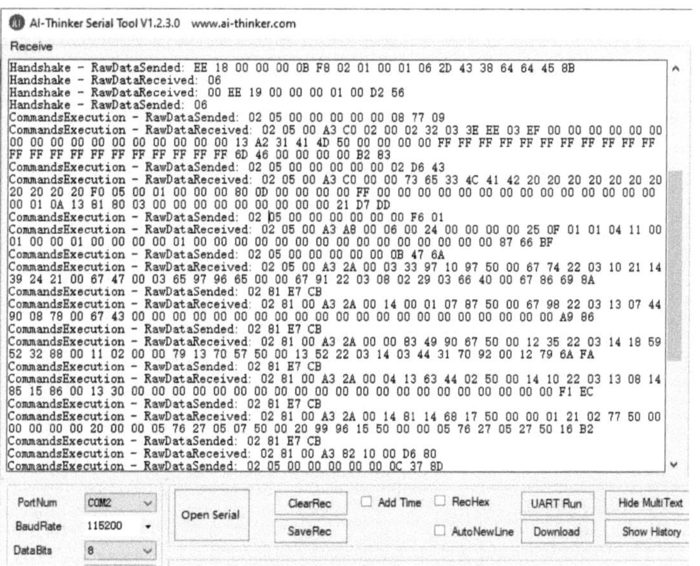

Figura 4.9. Lectura de un medidor con protocolo ANSI.

Figura 4.10. Ventana inicial de telecenter.

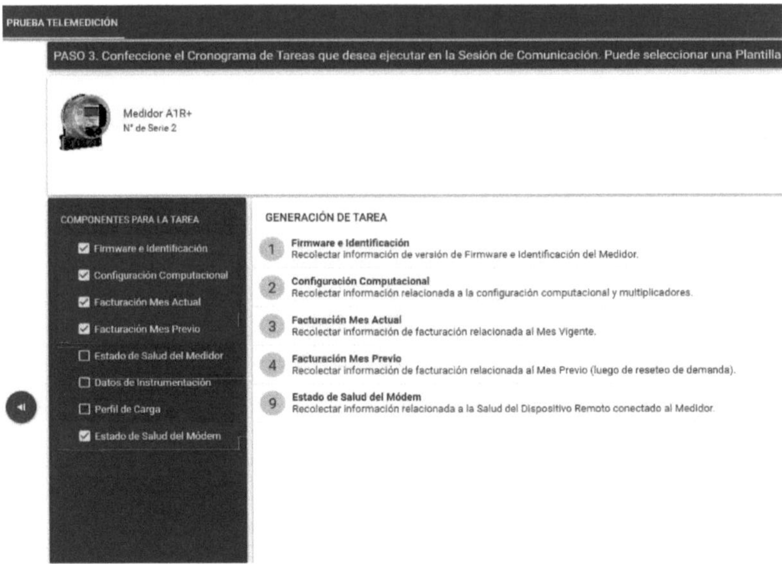

FIGURA 4.11. Tareas a realizar.

Finaliza la lectura, la aplicación indica el estado de cada ítem y el porcentaje de la ejecución. Se observa en la figura 4.12 que la lectura fue ejecutada con éxito completando el cien por ciento de los ítems solicitados.

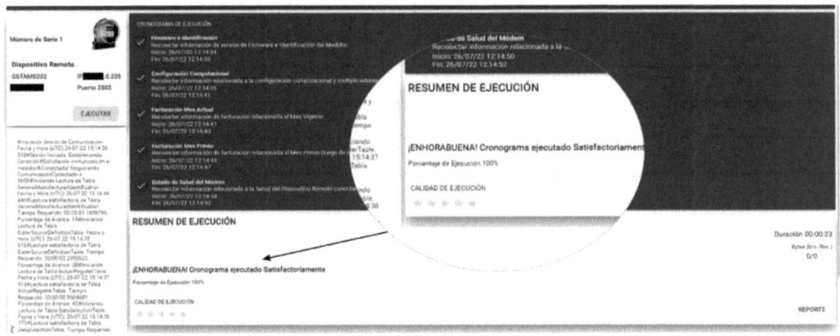

FIGURA 4.12. Lectura exitosa.

Finalmente se puede acceder al reporte de la medición. Se obtienen las lecturas del mes actual, del mes anterior, el estado de salud del módem y la identificación del firmware del módem de comunicación.

En la figura 4.13 se observa el reporte de lectura correspondiente al mes actual de un medidor Alpha II y en la figura 4.14 el consumo correspondiente al mes anterior.

| Valor | UOM |
|---|---|
| 138.994975 | kWh |
| 111.183025 | kVARh |
| 0.000000 | kVARh |
| 178.011875 | PhasorPower_VAh |
| 138.994800 | PhasorPower_VAh |
| 0.007809 | 25h |
| 0.007808 | 25h |

| Valor | UOM |
|---|---|
| 31.070550 | kWh |
| 24.910350 | kVARh |
| 0.000000 | kVARh |
| 39.813950 | PhasorPower_VAh |
| 31.070550 | PhasorPower_VAh |
| 0.007802 | 25h |
| 0.007803 | 25h |

FIGURA 4.13. Lectura del mes actual.

| Valor | UOM |
|---|---|
| 417.679850 | kWh |
| 89.407825 | kVARh |
| 0.000000 | kVARh |
| 429.159600 | PhasorPower_VAh |
| 417.679850 | PhasorPower_VAh |
| 0.009866 | 25h |

| Valor | UOM |
|---|---|
| 110.515250 | kWh |
| 18.446275 | kVARh |
| 0.000000 | kVARh |
| 112.487000 | PhasorPower_VAh |
| 110.515250 | PhasorPower_VAh |
| 0.009918 | 25h |

FIGURA 4.14. Lectura del mes previo.

Cabe aclarar que las tablas de consumo de los medidores Alpha son muy extensas, las imágenes ilustradas en este documento solo son capturas parciales de las mediciones.

## 4.2. Ensayos de estrés

Los primeros 300 equipos están destinados a la lectura de medidores en servicios de rebaje de tensión. Estas instalaciones están en zonas no rurales en donde las temperaturas en épocas de verano superan los 40 °C. Los medidores, a pesar de ser instalados en gabinetes normalizados, en la mayoría de los casos están a la intemperie.

El objetivo de este ensayo es probar el funcionamiento del módem de comunicación a diferentes temperaturas.

A continuación de describen los instrumentos utilizados en el ensayo y algunos características de interés:

- Termómetro FLUKE 62 max: rango de temperatura: -30 °C a 500 °C, tiempo de respuesta (95 %): <500 ms, precisión ± 2,0 °C entre -10 °C y 40 °C.

- Multímetro digital marca UNI-T UT71B: voltaje (DC) precisión ±(0,5 %+5), corriente (DC) Precisión ±(0,15 %+20), clasificación de seguridad CAT III 1000V/CAT IV 600V, rango de medición temperatura: entre -40°C y 1000°C.

Para realizar los ensayos se identificaron los dispositivos por número de serie y lote. Para la primera producción de 1500 unidades se tomaron cuatro muestras para ensayar.

El primer ensayo se realizó a temperatura ambiente de 19 °C por un período de siete días. Se procedió a la lectura del medidor a través del software de gestión telecenter en donde se adquiere la temperatura del sistema en los parámetros de salud. Por otro lado se realizó un contraste de la medición con un termómetro infrarrojo.

En la figura 4.15a se observa el estado de salud del módem en donde se remarca la temperatura medida. En la figura 4.15b se ilustra la medición del termómetro infrarrojo.

Un parámetro importante a medir en cada ensayo es la tensión de la fuente regulada. Para el primer ensayo, a temperatura ambiente, la tensión de alimentación del procesador ESP32 fue de 3.29 V y la tensión del módulo 4G de 3.83 V.

Para el segundo ensayo se realizó una elevación forzada de la temperatura por encima de los 40° C. Para ello se expuso el módem a una pistola de calor por ocho horas durante siete días consecutivos. Las lecturas desde telecenter se realizaron de manera exitosa y no hubo cambios en las tensiones de la fuente regulada.

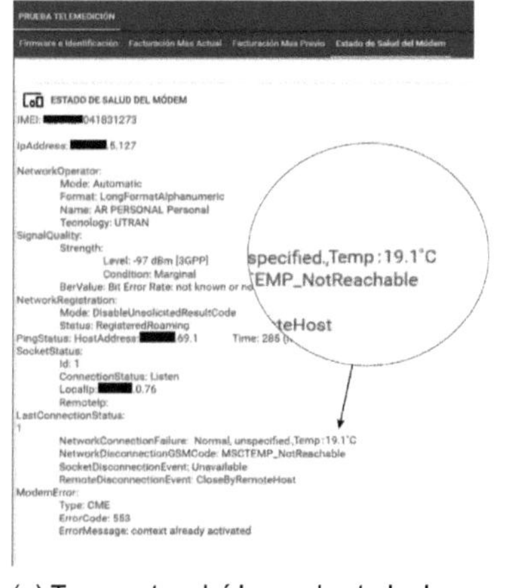

(A) Temperatura leída en el estado de salud.

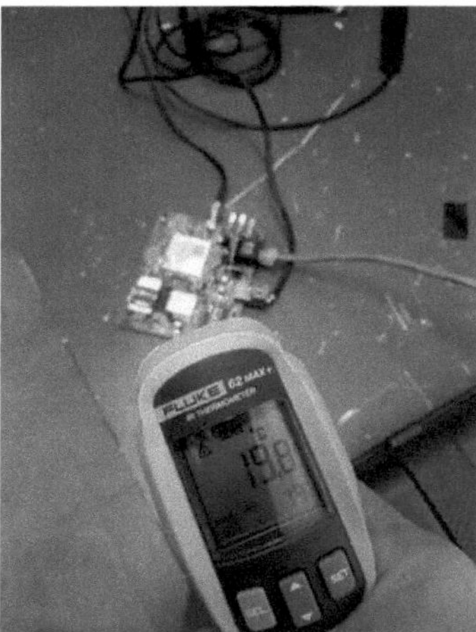

(B) Temperatura tomada con el instrumento.

FIGURA 4.15. Ensayo a temperatura ambiente.

Para el tercer ensayo se elevó la temperatura por encima de los 55 °C, este ensayo se realizó por ocho horas durante siete días. Las lecturas de telecenter fueron exitosas y se observó una pequeña variación en la tensión de alimentación del procesador. El voltaje en el ESP32 fue de 3.33 V y en el módulo 4G se mantuvo de 3.83 V. Estas variaciones no afectaron en nada el funcionamiento del sistema.

En la figura 4.16a se observa la lectura de telecenter y en la figura 4.16b la lectura del termómetro infrarrojo.

El último paso fue un ensayo destructivo. Primero se elevó la temperatura a 70 °C durante seis horas y se realizaron las pruebas de comunicación y las mediciones de tensión normalmente. Luego se elevó la temperatura a 80 °C con un tiempo de exposición de cinco horas. El dispositivo tomó las lecturas de manera correcta en 24 ocasiones durante 4 horas y media, pero dejó de tener señal por la rotura y deformación del porta chip. El sistema seguía funcionando correctamente buscando conectarse y reiniciando el módulo 4G en busca de señal celular.

Se utilizó el puerto de debug del ESP32 para ver los mensajes de conexión durante tres horas adicionales para verificar el funcionamiento del procesador y del módulo de comunicación. Después de las 8 horas de exposición al calor se observaron deformaciones en los cables y en las borneras de conexión. En la figura 4.17 se observa la última lectura de telecenter a una temperatura de 80 °C.

Finalizados los ensayos se concluye que la temperatura máxima de trabajo del módem de comunicación es de 60 °C.

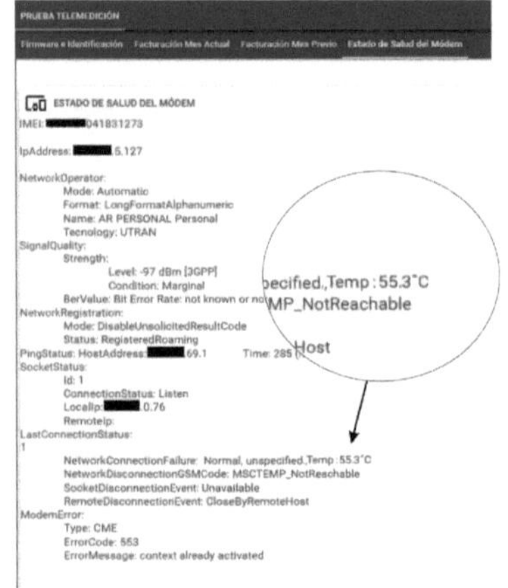

(A) Temperatura leída en el estado de salud.

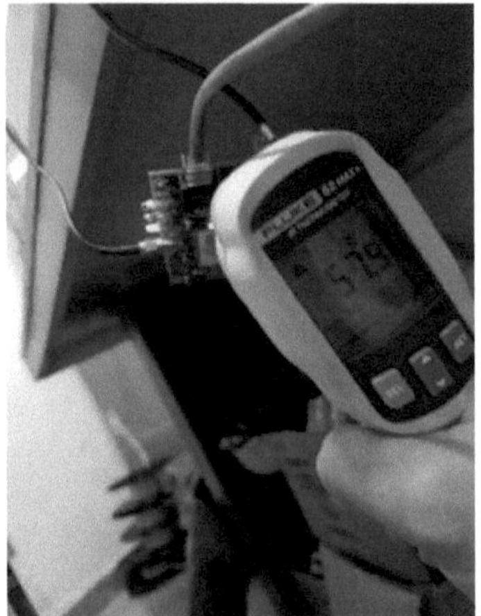

(B) Temperatura tomada con el instrumento.

FIGURA 4.16. Ensayo de temperatura forzada 57 °C.

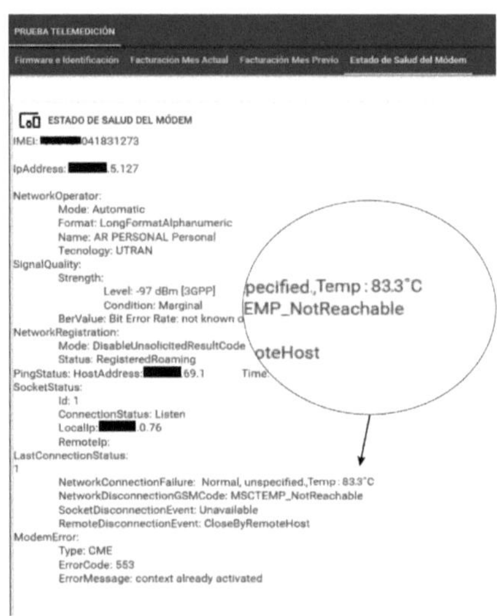

FIGURA 4.17. Lectura de la temperatura en telecenter a 80 °C.

# 4.3. Instalación en terreno

A continuación, se ilustran algunas imágenes de la instalación de módem de comunicación en diferentes tipos de medidores. Este proceso está a cargo de la empresa de distribución eléctrica de la provincia. En la figura 4.18a se observa la instalación de un medidor con protocolo ANSI de la marca ELSTER y en la figura 4.18b un medidor de la marca ABB.

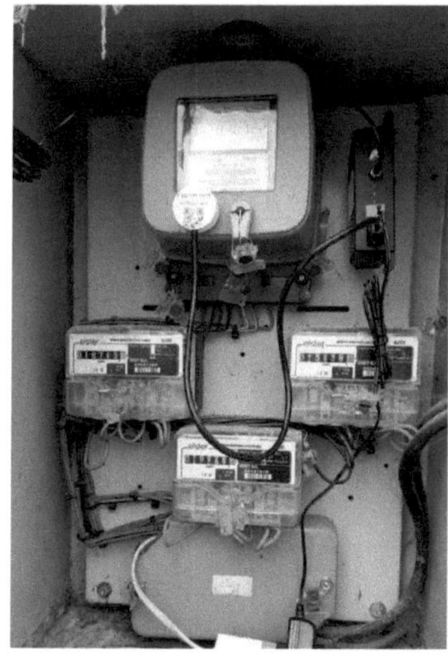

(A) Medidor ELSTER.

(B) Medidor ABB.

FIGURA 4.18. Instalación en medidores con protocolo ANSI.

En la figura 4.19 se observa la instalación del módem en un medidor con puerto MODBUS.

En la figura 4.20 se ilustra la instalación del módem en un medidor con protocolo IEC.

El despliegue de las instalaciones en terreno comenzó en el mes de abril del corriente año. Hasta el día de la fecha se instalaron más de 800 módems fabricados por la empresa Noanet.

# 4.4. Tabla comparativa contra dispositivos comerciales

En la tabla 4.2 se realiza una comparación de las características de hardware del módem de comunicación con dispositivos comerciales que se consiguen en el mercado local.

FIGURA 4.19. Instalación en medidor Alpha 3 con protocolo Modbus.

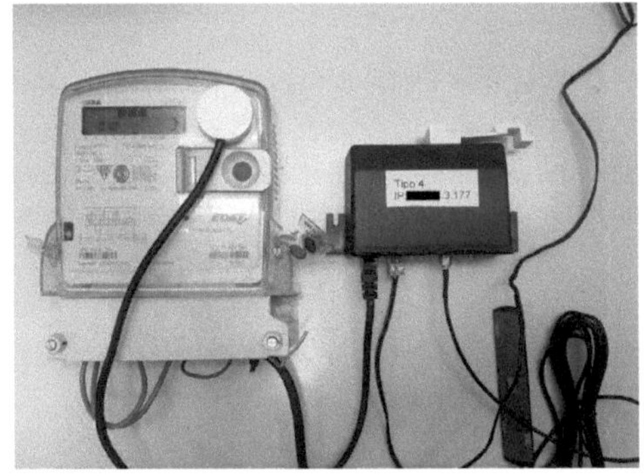

FIGURA 4.20. Instalación en medidor ISKRA con protocolo IEC.

TABLA 4.2. Tabla comparativa de características de hardware

| Equipo | Exemys | Gemalto | Noanet |
|---|---|---|---|
| Módem | 2G/3G/4G | 2G/3G | 2G/3G/4G |
| WiFi | No | No | Sí |
| Puerto USB | No | Sí | No |
| RS232/485 | Sí | Sí | Sí |
| Puertos I2C/SPI | No | Sí | Sí |
| Puertos I/O | 16 | 40 | 8 |
| GPS | No | Opcional | Opcional |
| Alimentación | 6 - 32 v | 8 - 30 v | 6 v |
| Actualización del firmware remoto | No | No | Sí |

El trabajo realizado presenta opciones y funcionalidades exclusivas para la lectura de medidores. En combinación con el software telecenter, brinda una herramienta muy potente a la hora de agregar conexiones inalámbricas a dispositivos de medición.

# Capítulo 5

# Conclusiones

En este capítulo se detallan las conclusiones relacionadas al alcance de los objetivos que se plantearon al inicio del trabajo. Además, se analizan las características del módem desarrollado, el cumplimiento de la planificación y los próximos pasos que se deberían seguir para mejorar el diseño en vista de hacerlo un producto comercial.

## 5.1. Resultados obtenidos

El trabajo realizado alcanzó los objetivos que se plantearon inicialmente, incluso los superó, al incorporar características que no estaban previstas en el diseño inicial. En la siguiente lista se detallan los objetivos cumplidos más destacados y se comentan algunas dificultades, desafíos y técnicas aplicadas en cada punto:

- Se logró diseñar un sistema con conexión vía red celular 4G, Bluetooth y para casos particulares WiFi.

- Se implementaron funciones parametrizables para poder leer cualquier tipo de medidores con protocolos IEC y ANSI.

- Se logró implementar una función handshake para la configuración y lectura de medidores antiguos con protocolo ANSI.

- Se logró con éxito el proceso de manufactura, fabricando 1500 unidades iniciales.

- Se encontró una dificultad importante en el desarrollo de la actualización de firmware vía internet, ya que para implementar esta funcionalidad el microcontrolador requiere el 50 % de la memoria disponible para descargar el nuevo firmware antes de actualizarse. Este requerimiento llevó a optimizar las funciones del programa, acotar las variables definidas en el entorno de programación y desarrollar funciones re utilizables con la finalidad de reducir el espacio en la memoria flash. Esta actualización remota es indispensable pensando a futuro con la llegada de diferentes modelos de medidores.

- Otra dificultad fue la implementación del reporte de corte de energía y el reset por software cada 16 horas. Estas características adicionales demandaron el desarrollo y la implementación de código extra con sus correspondientes pruebas, situación que requirió agregar más horas al proyecto para poder cumplir con los plazos previstos inicialmente.

- Otro logro a remarcar fue el desarrollo de una aplicación celular para la configuración y testeo de los módems. Con esta herramienta el instalador puede realizar pruebas de comunicación en el lugar de la instalación sin la necesidad de un operario en el servidor web.

Cabe mencionar que fue necesario realizar varias iteraciones en el ciclo de vida del desarrollo del trabajo, volviendo a la investigación y el análisis para sortear los problemas no previstos. Entre estos se destacó el problema de importación y la falta de semiconductores a nivel mundial. Debido al mismo fue necesario realizar un rediseño con el objetivo de adaptar el desarrollo a los componentes electrónicos que es posible conseguir en el mercado internacional. Esto impactó directamente en los tiempos de manufactura que fueron mayores a los tiempos planificados al inicio del trabajo.

## 5.2.  Trabajo a futuro

Para continuar con el trabajo de I+D se realizarán desarrollos en software para permitir la lectura de medidores de múltiples marcas.

Se estudiará además la posibilidad de permitir a los usuarios comerciales y residenciales la visualización de los consumos propios. Esta técnica ayudará a generar conciencia del ahorro energético y confianza hacia la empresa distribuidora de energía eléctrica.

Se pretende continuar con desarrollos de tecnología LORA [2]. Para lograrlo se deberían colocar dispositivos con baterías en cada medidor y de esta forma construir una red LORAWAN [3]. Esta solución abarataría los costos y permitiría actualizar mayor cantidad de medidores en menor tiempo.

# Bibliografía


[1]  Noanet Soluciones T.I. http://www.noanet.com.ar. (Visitado
     07-07-2022).

[2]  SEI circuitos impresos. https://www.seicircuits.com/. (Visitado
     07-07-2022).

[3]  Gemalto sistemas de telemetría.
     http://www.m2mconnect.co.uk/manufacturers/thales/. (Visitado
     07-07-2022).

[4]  National Electrical Manufacturers Association. «Protocol
     Specification For Interfacing To Data Communication Networks».
     En: (2012). URL:
     "https://webstore.ansi.org/Standards/NEMA/ansic12222012".

[5]  National Electrical Manufacturers Association. «Smart Grid Meter
     Package». En: (2012). URL:
     "https://webstore.ansi.org/Search/Find?in=1&st=ANSI+c12.22".

[6]  DLMS User Association. «DLMS/COSEM The standard language
     for smart devices». En: (no especifica año). URL:
     "https://www.dlms.com".

[7]  ABB Corporate Research Center. «"Building Advanced Metering
     Infrastructure using». En: (no especifica año). URL:
     "https://ieeexplore.ieee.org/document/8972814".

[8]  Medidores Iskra. https://www.iskra.eu/en/Iskra-Energy-meters/.
     (Visitado 07-07-2022).

[9]  National Electrical Manufacturers Association. «Draft Standard for
     Optical Port Communication Protocol to Complement the Utility
     Industry End Device Data Tables». En: (2012). URL:
     "https://ieeexplore.ieee.org/document/5325067".

[10] Medidores Alpha. https://www-elstersolutions-com.dyn.elster.com.
     (Visitado 07-07-2022).

[11] Wikipedia. «Estandar Modbus». En: (2017). URL:
     "https://es.wikipedia.org/wiki/Modbus".

[12] Monografías.com. «IrDA, Infrared Communications, IrDA protocol
     Stack, IrDA trends.» En: (2000). URL:
     "https://www.monografias.com/trabajos24/estandar-
     comunicaciones-irda/estandar-comunicaciones-irda".

[13] SocSecNumber SK LastName FK DepartmentNum. «El estándar
     de cifrado avanzado». En: (2001). URL:
     "https://techlandia.com/funciona-aes-info_215975/" (visitado
     11-07-2022).

[14]  F. A. Herías. «Protocolos de Transporte TCP y UDP. España:
      GITE-IEA. Microchip Technology, I.» En: (2017). URL:
      "http://microchipdeveloper.com/tcpip:tcp-ip-transportlayer-layer-4".

[15]  Ente Nacional de Comunicaciones (ENACOM). «Bandas de uso
      compartido sin autorización». En: (2016). URL:
      "https://www.enacom.gob.ar/" (visitado 07-07-2022).

[16]  Ente Nacional de Comunicaciones (ENACOM). «RAMATEL». En:
      (2016). URL:
      "https://www.enacom.gob.ar/identificacion-reglamentaria_p3420"
      (visitado 07-07-2022).

[17]  Certification in accordance with the requirements of the Federal
      Communications Commission (FCC).
      https://www.fcc.gov/general/equipment-authorization-procedures.
      (Visitado 09-07-2022).

[18]  RS-232 Transceivers. https://www.alldatasheet.com/datasheet-
      pdf/pdf/80640/SIPEX/SP3232.html. (Visitado 09-07-2022).

[19]  Inc. Fundación Wikimedia. «Conjunto de comandos Hayes AT».
      En: (2010). URL:
      "https://es.wikipedia.org/wiki/Conjunto_de_comandos_Hayes"
      (visitado 19-07-2022).

[20]  Espressif. «El estándar de cifrado avanzado». En: (2010). URL:
      "https://docs.espressif.com/projects/esp-idf/en/latest/esp32/api-
      reference/index.html" (visitado 12-07-2022).

[21]  RS-232 Transceivers. https://www.alldatasheet.com/datasheet-
      pdf/pdf/80640/SIPEX/SP3232.html. (Visitado 09-07-2022).

[22]  Google. Instituto Tecnológico de Massachusetts. «MIT Media Lab
      Appinventor». En: (2010). URL: "https://appinventor.mit.edu/"
      (visitado 19-07-2022).

[23]  Chillemi hermanos Gabinetes plásticos.
      https://www.chillemihnos.com.ar/espanol/index.html. (Visitado
      09-07-2022).

[24]  Ai Thinker tools. https://drive.google.com/file/d/1W2XJZ7WlQ-
      vR0d3lg1N95XL37AI7r0M9/view.

[25]  https://www.hw-group.com/software/hercules-setup-utility.

[26]  https://serial-bluetooth-terminal.es.aptoide.com/app.

[27]  MICROSYS. «Description of OBIS code for IEC 62056 standard
      protocol». En: (no especifica). URL: "https://www.promotic.eu/en/
      pmdoc/Subsystems/Comm/PmDrivers/IEC62056_OBIS.htm"
      (visitado 19-07-2022).